海技士3E
口述対策問題集

三級機関 口述試験研究会 編

海 文 堂

目　次

はしがき ………………………………………………………… *3*
本書の使い方 …………………………………………………… *4*
受験時の注意 …………………………………………………… *5*

1　機関基礎 …………………………………………………… *6*
2　ディーゼル機関
　　2.1　機関Ⅰ（運転）………………………………………… *15*
　　2.2　機関Ⅱ（整備・燃焼・その他）……………………… *27*
3　蒸気タービン ……………………………………………… *38*
4　ボイラ
　　4.1　補助ボイラ ……………………………………………… *49*
　　4.2　主ボイラ ………………………………………………… *59*
5　燃料・潤滑 ………………………………………………… *61*
6　プロペラ装置 ……………………………………………… *72*
7　補機 ………………………………………………………… *82*
8　電気・電子 ………………………………………………… *92*
9　制御・計測・船舶工学・その他 ………………………… *103*
10　執務一般 …………………………………………………… *112*
11　法規 ………………………………………………………… *120*

　　工学単位とSI単位の関係 ………………………………… *127*

はしがき

　本書は三級海技士（機関）および内燃機関三級海技士（機関）の海技免状を取得しようとする人を対象にした口述試験用問題集です。この本の内容は、過去に出題された問題およびこれから出題が予想される問題の中から、機関士に必要とされるごく標準的なものを選び、科目ごとに取りまとめています。ただし、すでに筆記試験の勉強を終えた人を対象としておりますので、問題に対する解答には詳しい解説を付けていません。

　筆記試験から口述試験までの間に、あるいは乗船実習を終了した直後に、口述試験のために分厚い参考書や問題集を一通り見直すのは大変なことです。したがって、この本は短期間で読み通すことにより口述試験の解答要領をつかんでもらえるよう配慮してあります。また、最近の傾向として口頭で解答する問題だけでなく、試験官が図や線図を用いて説明を求める問題もありますので、必要と思われるところには解答に図を用いています。

　本書が読者の皆様のお役に立てることを切に祈っています。

　2012年7月

　　　　　　　　　　　　　　　　　　　　　　　独立行政法人海技教育機構
　　　　　　　　　　　　　　　　　　　　　　　海技大学校　機関科教室
　　　　　　　　　　　　　　　　　　　　　　　　　　　教授　伊丹　良治
　　　　　　　　　　　　　　　　　　　　　　　　　　　教授　池西　憲治

第3版発行にあたって

　2版発行から9年が過ぎ、国際環境規制などの強化により船舶に関する環境基準も多く改定されています。今回、これらの改定個所に焦点を置き、本文を見直し改訂を行いました。万一、見落としがありました場合はお許しください。

　2025年3月

　　　　　　　　　　　　　　　　　　　　　　　独立行政法人海技教育機構
　　　　　　　　　　　　　　　　　　　　　　　海技大学校　機関科
　　　　　　　　　　　　　　　　　　　　　　　　　元教授　伊丹　良治
　　　　　　　　　　　　　　　　　　　　　　　　非常勤講師　島村　康雄
　　　　　　　　　　　　　　　　　　　　　　　　　　講師　長谷川　雅俊

本書の使い方

　実際の試験では受験者は2～3人一組で受験するので，順番に一人ずつ，1問ずつ聞かれることになり，全体で試験時間は2～3時間程度になります。

　本書は口述試験を，次の科目「①機関基礎，②ディーゼル機関，③蒸気タービン，④ボイラ，⑤燃料・潤滑，⑥プロペラ装置，⑦補機，⑧電気・電子，⑨制御・計測・船舶工学・その他，⑩執務一般，⑪法規」から出題されるとして作成しています。

　そして，科目ごとに25問を選びました。ただし，ディーゼル機関については多く出題される傾向にあるので，機関Ⅰ・Ⅱに分けて50問としました。機関Ⅰには，とくに出題傾向の高い「運転」に関する問題を25問選定し，機関Ⅱには，その他の問題の中から「整備・燃焼」を中心に25問を選定しています。また，ボイラの問題は，内燃機関三級海技士試験受験者のため，補助ボイラと主ボイラに分けて記しています。

　なお，これらの問題に関連して質問された問題や補足説明を，解答の後に〔参考〕として掲載しています。

　法規の解答は，国際条約を除いて条文が記載されている法令箇所のみを記していますので，受験時に使用する法令集，たとえば『海事六法』を用意し，実際に記載されている条文の内容を確認しておいてください。

＜法規の試験方法について＞

　法規についての口述試験は，持ち込んだ『海事六法』を使用して，どういう事柄は何という法律のどのあたりに規定してあるのかを調べる問題が中心となっています。調べる時間はおおよそ5分以内のようです。口述試験ということで緊張して思うように見つからないことも予想されるので，必ず法令集を自分で引いて，その条文を読み上げる練習をしておいてください。

＜単位について＞

　基本的にSI単位を使用していますが，説明に工学単位が必要なところでは併用しています。また，巻末に「工学単位とSI単位の関係」の表を掲載しました。

受験時の注意

- きちんとした服装で受験すること。
- 言葉は丁寧にすること。
- 大きな声ではっきりと話すこと。
- 他人の質問には口をはさまないこと。
- 質問の意味がわからないときは，聞き直し，質問の意味をよく理解してから答えること。
- 解答が言葉で説明しにくいものは黒板に図を書いて行ってもよい。
- 質問によっては解答を黒板やメモ用紙に書かされることがある。
- 法令集を引き，条文を読み上げる練習は必ずしておくこと。
- 次の事柄は必ずといってよいほど聞かれるので明確に答えられること。
  ①　本人の氏名，生年月日，現住所
  ②　本人の勤務する会社名，最近，乗船した船の船名，総トン数，主機関の型式，出力（kW），シリンダ数，シリンダ径，ストロークなどの要目，その他ボイラ，発電機，補機などの主要目など。

　以上の注意を守って，臆することなく堂々とした態度で受験することが大事です。くれぐれもあがらないように注意してください。
　成功をお祈りしています。

1 機関基礎

問1 伝熱の形態について述べよ。

答 熱エネルギは温度差によって移動する。この熱エネルギの移動現象を伝熱という。次の3形態があり，熱機関ではこれらの複合した形が多い。
① 熱伝導：物体内部の温度差により，高温部から低温部へ熱が移動する現象のこと。
② 熱対流：流れによるエネルギ移動で，流れが流体内の高温部と低温部の密度差によって生じる自然対流と，送風機などにより強制的に起こされる強制対流がある。
③ 熱放射：物体がその温度によって熱エネルギを電磁波の形で放出する現象であり，真空中においても行われる。太陽熱が地球に達するのもこの現象である。

問2 真空計と連成計について述べよ。

答 真空計は，大気圧よりも低い状態の圧力を専用に測定する圧力計の一種である。絶対真空を0として表示する絶対圧方式と，大気圧を0とするゲージ圧方式がある。コンデンサなどの真空圧測定に使用される。
　連成計は，圧力計の一種で，大気圧以上と大気圧以下（760 mmHg まで）を測れる圧力・真空計である。ポンプの吸入圧測定などに使用される。
〔参考〕関連問題として，絶対圧力，ゲージ圧力，真空圧力の相関が聞かれている。

問3 摂氏温度，華氏温度，絶対温度について述べよ。

1 機関基礎

答 温度には摂氏温度（°C），華氏温度（°F）および絶対温度があり，日本では摂氏温度，英・米では華氏温度が使用される。SI 単位系では熱力学でよく用いられる絶対温度（T）が使用される。絶対温度は，原子・分子の熱運動がまったくなくなり，完全に静止すると考えられる温度を零度としたもので，単位は K（ケルビン）である。

摂氏温度（t）と華氏温度（F）および絶対温度（T）の関係を以下に示す。

$$F = \frac{9t}{5} + 32$$

$$T = t + 273.15$$

問4 潜熱・顕熱について述べよ。

答 温度が上昇・下降するときに変化する熱が「顕熱」である。顕熱に対して蒸発，融解，凝縮，凝固など，状態が変化するだけで温度の変わらない熱が「潜熱」である。物質が固相（固体）から液相（液体），もしくは液相から気相（気体）に相転移するときには吸熱が起こり，逆の相転移のときには発熱が起こる。

問5 理想気体とは何か。

答 理想気体（ideal gas）とは熱力学で導入される仮想上の気体であって，その定義は
① ボイル・シャルルの法則に厳密に従う
② 比熱は温度にかかわらず一定である
　上記のような仮定のもとに，熱力学の計算を簡素化するために用いられる。一般に実在する気体も近似的には理想気体とみなしてさしつかえなく，熱力学上で単に気体といえば理想気体のことを指す。

問6 ボイル・シャルルの法則について説明せよ。

答 「温度一定の状態では，気体の容積はその圧力に反比例する」というボイルの法則と，「圧力一定の状態では，気体の容積は温度が1℃変化すれば0℃における容積の1/273だけ変化する」というシャルルの法則を組み合わせたものであり，次式で表す。

$PV = RT$

  P：圧力（Pa）
  V：体積（m³）
  R：ガス定数（N·m/kg·K）
  T：絶対温度（K），$T = 273.15 + t$（tは℃で表した温度）

問7 フレミングの右手の法則について説明せよ。

答 磁界と導体の運動と起電力の関係を表す法則である。右手の親指，人指し指，中指を互いに垂直に曲げ，親指を導体の運動の方向，人指し指を磁界の方向にとると，中指が起電力の方向を示す。発電機の原理説明に用いられる。なお，電動機の原理説明にはフレミングの左手の法則が使用される。

問8 比熱について説明せよ。

答 物質1kgの温度を1℃だけ高めるに要する熱量をその物質の比熱といい，kJ/kg·K（工学単位ではkcal/kg·℃）で表す。気体の場合，温度上昇によって圧力や体積が変化するため，加熱の条件によって以下の2種類に分類される。
① 定容比熱
  容積に変化のないときの比熱で，加えた熱はすべて内部エネルギの増加に使用され，通常C_vで表す。
② 定圧比熱
  圧力に変化のないときの比熱で，加えた熱の一部は内部エネルギの増加となると同時に，一部は容積を増大するのに必要な機械仕事に使われ，定容比熱より大きく，通常C_pで表す。

〔参考〕C_p/C_vを比熱比といい，Kで表す。空気のKの値は1.4である。液体

の場合，両者の差がないため1となる。

> **問9** 安全率とは何か。

答 安全率の定義は，「常用運用状態において予想される荷重より大きな荷重が生ずる可能性ならびに材料および設計上の不確実性に備えて用いる設計係数」とされている。

　金属など材料の強さは，一般に引張試験を行って求められる。機械の設計では，引張試験でその材料が破断するときの荷重の，たとえば6倍の荷重が作用しても破断しないように部品の寸法を決めた場合，安全率が6になるということである。

〔参考〕産業機械や建設機械などでは，部品が静荷重を受ける場合は安全率を3程度，繰り返し荷重を受ける場合は5～8程度，衝撃荷重を受ける場合は10以上にして設計される。

> **問10** 比例限度，弾性限度，応力，ひずみについて説明せよ。

答 材料に外力が作用すると材料内部に応力（応力＝荷重／断面積）が生じ，材料には変形すなわちひずみ（ひずみ＝伸びた長さ／元の長さ）が生じる。この場合，外力が小さく応力が低いうちは応力とひずみが比例する。この限界の最大応力を比例限度という。比例限度を超えた応力に対しても，材料のひずみが弾性範囲内であるうちは，外力をなくせば材料は元の形に戻る。この材料が弾性を保持しうる最大の応力を弾性限度という。

〔参考〕フックの法則とは「物体に外力が作用したとき，応力が比例限度を超えない範囲で，応力や材料の種類が同じ場合に応力とひずみの比（応力／ひずみ）はつねに一定値になる」ことである。この比の値が弾性係数である。

> **問11** 引張応力，圧縮応力，せん断応力とはどのような応力か。

答 引張応力は断面に垂直に引張荷重が作用したときの応力である。圧縮応力は引張荷重と反対方向の圧縮荷重が作用したときの応力である。せん断応力は、ずり応力ともいわれ、物体内部のある面の平行方向にすべらせるように作用する応力で、面に平行に荷重が作用したときなどに生じる。

問12　応力集中とは何か。

答 一様な断面形状の部材に荷重が加わる場合には、応力の分布はどの断面においても一様であるが、たとえばクランク軸のように断面形状が大きく変化する部材や、切欠きのある部材においては、隅肉部や切欠きや孔の部分で局部的に応力が大きくなる。このような現象を応力集中という。

応力集中の度合いは荷重の種類によって異なるが、最大の要因は形状である。したがって応力集中を防止するためには隅肉部に十分なRを付けたり、切欠きには丸味を持たせるといった工作上の対策が必要である。

問13　熱応力とは何か。

答 物体は温度変化により膨張・収縮する。この膨張・収縮が妨げられると、妨げられた変化量だけ引張りまたは圧縮のひずみを受け、物体内に応力を発生する。このように温度変化により生じる応力を熱応力という。

問14　クリープ曲線とは何か。

答 金属材料に高温で一定の応力を負荷すると、応力が降伏応力以下であっても変形が時間と共に進行する。この現象をクリープと呼ぶ。一定温度下のクリープ試験で得られるクリープひずみを縦軸に、時間を横軸にプロットした線図をクリープ曲線という。

〔参考〕典型的なクリープ曲線は、ひずみ速度が時間とともに減少する遷移クリープ、ひずみ速度がほぼ一定の定常クリープ、ひずみ速度がしだいに増加する加速クリープの3段階に分けられる。加速クリープを経て

破断に至る。

> **問15** カラーチェックを行う目的は何か。また，どのような手順で行うのか。

答 ＜目的＞
非破壊検査の一手法で，材料の強度などの性能に影響を与えることなく，表面にあるき裂を発見するために用いられている。染色浸透探傷法ともいわれている。

＜作業手順＞
① 洗浄液でき裂があると思われる部分の油やさびを入念に除去する。
② 浸透液を塗り，液がき裂の内部に浸透するまでしばらくそのまま放置しておく。
③ 再び洗浄液で浸透液をふき取り，表面をきれいにする。
④ 現像液を塗る。
⑤ もし，き裂があれば，き裂の内部にしみ込んだ赤色の浸透液が現像液による白色表面に浮き出てくるため，き裂を手軽にしかも確実に発見できる。き裂が深いほど内部にしみ込む浸透液の量が多くなるため赤色が濃くなる。

> **問16** 疲労破壊とはどのような破壊のことか。

答 機械に荷重が繰り返し作用すると，弾性限度以下の小さな荷重でも微小なき裂が発生し，荷重の繰返しとともにき裂が成長して部材が破断する破壊のことである。

> **問17** 圧縮比を説明せよ。

答 シリンダにおいて，ピストンの上死点位置における容積をすきま容積 V_c （Clearance Volume）と呼び，上死点から下死点までの容積を行程容積 V_s

(Stroke Volume) という。圧縮比とは下死点におけるシリンダ容積 $V_c + V_s$ とすきま容積 V_c の比をいう。

$$圧縮比\ \varepsilon = \frac{V_c + V_s}{V_c}$$

実際の機関でピストンがガスを圧縮し始めるのは，ピストンが排気孔を閉じた位置あるいは排気弁が閉鎖してからなので，有効行程容積 V_s' は行程容積より小さくなる。これを加味した圧縮比を真の圧縮比といい，上式で表したものを見かけの圧縮比という。

$$真の圧縮比\ \varepsilon' = \frac{V_c + V_s'}{V_c}$$

問18 ブレーキ出力とは何か。

答 ブレーキ出力とは，機関の出力端で計測した出力のことである。シリンダ内で発生した図示仕事から，各運動部の摩擦損失，補機駆動損失（これらをまとめて損失馬力という）などを差し引いて，実際に機関主軸から取り出すことのできる出力のことである。ブレーキ出力を正味出力または制動出力という。

問19 仕事率とは何か。

答 仕事率とは単位時間内にどれだけのエネルギが使われているか（仕事が行われているか）を表す物理量である。工学用語では動力と呼ばれる。1 W とは，1 s に 1 J の仕事をしたときの仕事率である。1 W = 1 J/s で，機関の出力は仕事率 W で表される。

〔参考〕慣用的に用いられている馬力は PS で表す。W と PS の関係は，1 PS = 735 W である。また，1 秒当たり 75 kgf·m の仕事が 1 PS である。

問20 比重と密度の違いを説明せよ。

答 比重とは，物質の重さと，その物質の容積と同じ容積の水の4℃のときの重さの比のことで，燃料油および潤滑油の比重は15℃のときのものを標準とし15/4℃で表す。密度とは単位体積（容積）当たりの質量である。4℃の水の密度は$1000\,\text{kg/m}^3$（または$1\,\text{g/cm}^3$）となる。根本的な違いは，比重は単位を持たない。

〔参考〕SI単位系では密度が採用され，比重という用語は規定されていないが，まだ慣例的に使用されている。

問21 熱量と仕事の単位について説明せよ。

答 仕事のSI単位は「ジュール」で，物体に働く力（ニュートン）とその物体が動いた距離（メートル）との積で表される。SI単位では，熱量の単位も仕事の単位と同じ「ジュール」で表される。

$$1\,\text{J} = 1\,\text{N·m}$$

〔参考〕1847年にイギリスの物理学者ジュールが，熱量と機械的な仕事量の等価性について提唱し，熱量も仕事量もエネルギが移動したときの形であるという考え方が現在では一般的になっている。

従来の工学単位との関係：$1\,\text{kgf·m} = 9.807\,\text{J}$

$$1\,\text{cal} = 4.186\,\text{J}$$
$$1\,\text{kcal} = 427\,\text{kgf·m}$$

問22 トルクとは何か説明せよ。

答 物体のすべての点が，ある軸について同じ角速度を持っている場合に，回転運動をしているという。回転運動による動力は，軸の回転モーメントと回転軸線の周りに回転する角速度の積である。回転モーメントとは軸を回そうとする力のことであり，「ある位置における軸を回そうとする力の大きさ」×「軸の中心から力がかかる位置までの距離」で表され，単位はkgf·mが使われる。工学では，この軸に加わるモーメントをトルクと呼んでいる。

問23 慣性とはどのようなものか。

答 物体は外部から力の作用がなければ，静止しているものは静止のまま，運動しているものは運動を続けようとする性質を持っている。これを慣性または惰性といい，運動の変化に対する抵抗力を惰力という。

問24 遠心力とはどのようなものか。

答 回転運動をしている物体は回転円の中心から外方へ引っ張られる力を絶えず受けている。これを遠心力という。回転軸からの距離と角速度の2乗に比例する。

問25 焼入れ，焼戻しとはどのようなことか説明せよ。

答 焼入れとは，鋼をオーステナイト組織の状態に加熱した後，水中または油中で急冷することにより，マルテンサイト組織の状態に変化させ，鋼を硬化させるための熱処理である。
　焼戻しは，焼入れによって硬化した鋼に，靱性（材料の粘り強さ）を与え，また内部応力除去の目的で行われる熱処理で，マルテンサイト組織の状態から鋼を再加熱し，一定時間保持した後に徐冷する作業をいう。

2 ディーゼル機関

2.1 機関Ⅰ（運転）

問1 主機始動前の作業について述べよ。

答 ① 機関室内の主機に関係する機器，タンクレベル，圧力などに異常がないことを確認。
② 機関を冷却水の温水循環（50～60℃）により機関を暖機した状態であること。
③ LOサンプタンク油量確認，主LOポンプ運転，主機LO系統の確立。過給機およびスタンチューブ潤滑系の確立。
④ インジケータ弁を開き，ターニングを行う（モータの電流計に注意）。
⑤ シリンダに注油器で手動注油。各部必要個所に注油。
⑥ 起動空気圧を確保。必要なら圧縮機の運転。
⑦ 冷却海水系の確立。船底弁，船外弁を開けて冷却海水ポンプ運転。
⑧ FOポンプまでの系統をFOブースタポンプを起動して循環し，FO系統を確立（低質油を使用する場合は加熱循環を行っているので，FO系統の確認を行う）。
⑨ 燃料系（燃料ポンプ，燃料弁）のプライミングを行う。
⑩ ターニングの停止と離脱。
⑪ 始動空気系の諸弁を開く。
⑫ 船橋に試運転準備完了を連絡し，プロペラ周辺状況の確認。

〔参考〕入出港スタンバイおよびスタンバイ前後（F/E ↔ S/B ↔ R/UP）の機関運転要領や航海中の当直要領を答えられるようにすること。
問題例：(1) 試運転直後の主機やプラントの点検個所を述べよ。
(2) 航海中の主機やプラントに対してどのような作業を施行するか。

問2 燃料弁交換後のFOプライミングはなぜ行うのか。また，その方法を述べよ。

答 燃料油管中の空気が完全に抜けていないときは，燃料噴射ポンプが作動しても燃料油の吸込み，吐出が完全にできず，噴射不良になり，噴射しても着火しないことがある。このため，機関始動前はプライミングを行い，管中の空気を抜いておかなければならない。プライミングの方法を以下に述べる。
① 燃料ハンドルを運転位置に置く。
② 燃料噴射弁のエア抜き弁を開く。
③ ターニングして，送油しようとするシリンダの燃料噴射ポンプのプランジャを突き始めの位置にもっていく。
④ 燃料噴射弁の充油試験弁から気泡と油が流出するまで，燃料噴射ポンプのプライミングバーを上下させる。
⑤ 燃料噴射弁のエアー抜きから気泡がまったく出なくなれば同弁を閉じ，プライミングバーを再び上下させ，手応えがあることを確認する。
⑥ 燃料ハンドルを停止位置に戻す。

問3 試運転要領について説明せよ。

答
① 船橋へ試運転について連絡する。
② ターニングギアの離脱を確認する。
③ 逆転用ハンドルを操作し，前後進のカム軸の移動を確認する。
④ 始動空気のドレンを切る。
⑤ インジケータ弁を開いた状態でエアーランを施行する。
　エアーランではインジケータ弁から噴出する空気および可燃性ガスの色に注意する。無色のときは問題ないが，白い霧状の水分が噴出するときはライナ，カバー，ピストンなどからの冷却水の漏洩が考えられる。また，黒・灰色のガスや火花の噴出があるときは燃料弁からの燃料の漏洩が考えられる。
⑥ 異常がなければ，インジケータ弁を閉じて試運転に移る。

2 ディーゼル機関

⑦ テレグラフにより船橋と連絡をとりながら前後進にそれぞれ数回転運転する。そのとき，始動装置，操縦装置，各シリンダの状態など主機の各部の状態をチェックする。
⑧ 異常がなければ船橋に試運転終了を報告する。

問4 主機が起動しない原因を述べよ。

答
① 始動空気圧の不足
② 始動空気分配弁の作動不良
③ 始動弁のこう着，スプリングの折損，始動弁の作動不良
④ 運転・作動部分の焼付きやこう着
⑤ 潤滑油の温度低下による粘度上昇
⑥ 遠隔操縦装置の調整不良
⑦ インターロックの作動

問5 出港後，主機の出力をゆっくり増速して航海状態にするのはなぜか。

答 機関始動直後は機関温度や潤滑油温度が低く，急激に負荷を増加させると各部の温度が異なり過大な熱応力が生じ，熱変形を起こす。また，軸受やピストン，シリンダなどの摺動部の局部過熱や不同膨張による焼損が発生する。そのため，徐々に機関負荷を増加させなければならない。一般にこれらの損傷は始動直後とその後30分くらいの間に起こりやすいので，大型機関では定格負荷までに1時間以上かけている。

問6 入出港時の燃料油切替要領を述べよ。

答 ＜A重油からC重油へ＞
　C重油への切替えは機関負荷30％以上（連続最高回転数の67％）で，機関が温まった状態で行う。

① C重油サービスタンクの温度は清浄機の処理温度で異なるが，75～95℃程度とする。
② FO加熱は徐々に行い，昇温は1分間に約1～2℃とする。
③ 切替温度は80～85℃程度とし，バルブ切替えは燃料が逆流しないように素早く行う。
④ 温度を粘度計で制御する場合は，A重油の加熱時および切替え後の一定時間は粘度が低いので加熱器を手動操作して昇温する。
⑤ C重油の加熱は燃料ポンプ入口で粘度が13～18cSt（50℃）になるまで行う。380cSt（50℃）の油では125～140℃程度となる。

＜C重油からA重油へ＞
　入港時，C重油をA重油に切り替える必要がある場合，機関負荷30％（連続最高回転数の67％）以下では必ずA重油で運転するように計画する。
① 燃料油切替え温度は使用燃料油粘度により異なるが，380cSt（50℃）の油では125～140℃の温度で，燃料が逆流しないように素早く弁を操作する。
② 燃料油の温度降下は徐々に行い，降温速度は1分間に1～2℃とする。
③ 機関入口温度は，通常では急激に変化することはないが，20℃以上の変化が生じたときには燃料ポンプがスティックする可能性があるので加熱器を手動操作調整とする。
④ A重油に完全に切り替わらないで機関を停止させると燃料ポンプ，燃料弁のスティックの原因となるので，切替え時間は十分にとること。

〔参考〕燃料のベーパロック現象：燃料供給系統において，管内の圧力低下や高温により燃料の低沸点成分が沸騰現象を起こし，管内に気体が充満した状態となって燃料の円滑な供給を妨げる現象をいう。ベーパロックの防止には適正な加熱温度の維持，適正な配管と流量の設定が重要で，燃料油配管に密閉サイクル，加圧システムを使用して回避している。

問7　シーマージンに関して述べよ。

答　船を計画の速力で運航するときの出力が常用出力であるが，①航海中の風

波，②操舵，③船体やプロペラの汚損による出力増加を考慮して，ある程度出力の余裕を持たせておく必要があり，この出力の余裕分をシーマージンといい15％程度とっている。実際には，一般に主機の定格回転数100％で常用出力の85％の出力を出すようにプロペラを設計する。連続最大出力と常用出力の差と考えてよい。

問8 主機回転数がハンチングしたときの点検個所を述べよ。

答 ① 各シリンダのブローバイおよび掃気温度と排気温度
② 各シリンダの燃焼の状態（指圧図採取，指圧器弁からのガスの状態）
③ 各シリンダの燃料ポンプの作動状態とポンプマーク位置
④ ガバナの作動状態
⑤ プロペラ軸の振動の有無
⑥ 中間軸に取り付けられた回転発信器の異常の有無

問9 シリンダの最高圧力が低いのに排気温度が高くなるのはどのような場合か。

答 ① 燃料噴射時期が遅い
② 燃料噴射弁ノズルの汚れや漏れがある
③ 排気弁に漏れがある
④ シリンダの気密不良
⑤ 排気の背圧が高い

問10 機関運転中，1シリンダのみ他のシリンダより排気温度が異常に高い場合，どのような原因が考えられるか。

答 ① 燃料噴射ポンプの異常による噴射量の増加
② 燃料噴射弁の噴射圧力の低下
③ 燃料噴射時期の狂い

④ あと燃えの増加
⑤ 排気弁の開き角度の狂い
⑥ 排気弁の漏洩

問11 主機の各シリンダの出力が揃っていない場合の影響を述べよ。

答
① 主軸受の不同摩耗
② 過大負荷のかかる主軸受の焼損，メタルの割れ
③ 過大負荷のかかるシリンダの摩耗を早め，クランクメタル，ピストンメタルの損傷の原因
④ 軸受中心線が狂い，クランク軸折損の原因

問12 機関のシリンダの出力のばらつき，および燃料弁の噴霧状態の不良を知る方法をそれぞれ述べよ。

答 シリンダ毎の出力のばらつきを調べるには，各シリンダの指圧線図（p-v 線図）を採取して図示平均有効圧力（P_i）を求め，それらを比較すればよい。簡易な方法としては，p-v 線図上に原点から 45°の直線を引き，この線が圧縮線と膨張線を切る幅をシリンダごとに比較すればよい。燃料弁の噴霧状態が悪化したときは，連続最高圧力線図を取り，最高圧力が不揃いでないかどうかを調べる。不揃いならば早急に燃料弁を取り換える。

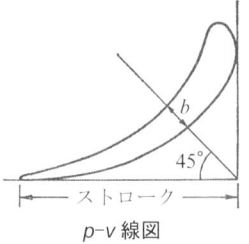

p-v 線図

〔参考〕カーボンフラワー：自動噴射弁は，啓開圧力に比べ閉鎖圧力が低いため，噴射の切れが悪くなったり，閉鎖後ににじみ出たり，後だれを起こしたりする。これによって噴射口の付近に燃焼生成物（主にカーボン）を堆積させることになる。これが花のように見えることからカーボンフラワーと呼ぶ。カーボンフラワーが付着すると燃料の噴霧状態に悪影響を起こし，燃焼不良を引き起こすことになる。これを防ぐた

2 ディーゼル機関

めには燃料油や水で燃料弁ノズルを冷却する方法が有効である。
（注）P_i および図示出力の求め方を知っておくこと。

問13 ディーゼル主機関の運転中，排気弁の漏れはどのようにして見つけるか。

答 運転中に排気弁の漏れ（吹抜け）が生じると排気温度が高くなり，燃焼も悪くなる。また過給機の回転数は通常より過速気味となる。このような状態を発見したら，ただちに該当シリンダを特定する必要がある。排気温度とインジケータコックから出る排気色を白紙などに吹きつけて判定できるが，インジケータ線図を採取して判定するのが確実な方法である。吹抜けを起こしているシリンダのインジケータ線図では最高圧力，圧縮圧力ともに通常より低くなり，図示平均有効圧力も低くなっている。
　なお，吹抜けが著しい場合には音響によっても判断できる場合がある。

問14 ディーゼル機関のジャケット冷却水の圧力が変動する原因および清水膨張タンク（エキスパンションタンク）の役目を述べよ。

答 ＜圧力変動の原因＞
　① エア抜きが不十分で配管系内部に空気溜まり（エアポケット）ができているとき
　② リターンパイプの絞り作用が大きいか，膨張タンクが空で冷却水ポンプの入口圧力が低下しているとき
　③ シリンダカバーやライナにき裂が生じ，燃焼ガスが冷却水内に侵入しているとき
＜膨張タンクの役目＞
　① 運転，停止による冷却水の膨張・収縮を吸収
　② 清水ポンプ入口に接続されポンプのキャビテーションの防止
　③ 冷却水系の漏洩やシリンダヘッド，ライナなどのき裂の発見

④　薬品の投入
⑤　冷却水の補給

問15　ジャケット冷却水温度が低すぎる場合，機関にどのような影響を与えるか。

答　① 低温腐食：ジャケット冷却水温度が低すぎる場合，いちばん問題となるのは低温腐食の促進である。すなわち，冷却水温度の低下に伴いライナ火面の壁面温度も低下し，壁面温度が水蒸気の飽和温度以下となって，結露によって水分が発生する。この水分と燃料中の硫黄分が燃焼して生じた SO_2，SO_3 が反応して硫酸が生成され，低温腐食が促進される。
②　燃焼不良：シリンダの圧縮温度も低下するから着火遅れが長くなり，燃焼不良を引き起こす。
③　摩耗損失の増加：シリンダ油の粘度が高くなるために摩擦損失が増加する。
④　熱損失の増加：シリンダ温度の低下により燃焼ガスの熱損失が大きくなるから，機関の熱効率が低下する。

〔参考〕冷却水温度が低いと上記のような悪影響を生じるので，ジャケット冷却水出口温度を一定に保つ必要がある。

問16　ディーゼル主機関の危急遮断装置が作動するのはどのような場合か。

答　ディーゼル主機関の運転中に各系統や機関各部に異常が発生した場合，機関を保護するため，次の条件で危急遮断装置が作動する（船舶機関規則で規定されているものを◎で示す）。
◎過速度（機関の回転数が異常に上昇したとき）
◎主機潤滑油入口圧力低下（軸受油圧が低下したとき）
◎危急停止ボタンを操作したとき
・排気弁エアスプリングの空気圧が喪失したとき（エアスプリング式の排気

2 ディーゼル機関

弁を装備する機関のみ)
その他，機種によっては以下の条件で作動する場合がある。
- 過給機潤滑油入口圧力低下
- カム軸潤滑油入口圧力低下
- 冷却水温度過高

問17 ブローバイとはどのような現象か説明せよ。また，機関にどのような影響を与えるか。

答 機関運転中に，燃焼ガスがピストンとシリンダライナの摺動面から吹き抜けて，燃焼室から掃気室またはクランク室へ流入する現象をブローバイという。
　この原因としてはピストンリングの摩耗，折損，膠着，リングフラッタによるシール効果の低下やシリンダライナの過大摩耗，シリンダ注油不足などがあげられる。ブローバイを起こすと当該シリンダの出力は低下し，各シリンダの出力がばらつくほか，吹き抜けた燃焼ガスによりライナ壁面の油膜が破壊されるため，潤滑が不完全となり，摩耗が進み，スカフィングを生じる原因となる。またトランクピストン型ではクランク室のオイルミストの着火源になる恐れがあり，クロスヘッド型では掃気室火災の原因となるほか掃気孔を過熱損傷させる原因にもなる。

問18 ディーゼルノックとはどのような現象か。また，防止するための対策を述べよ。

答 ディーゼル機関において，着火遅れ期間中に形成される混合気が多いと，燃焼が集中して急激な圧力上昇をきたし，ノック音を発する場合がある。このような現象をディーゼルノックと呼んでいる。
　ディーゼルノックを防止するためには，燃料の着火遅れを短くすること，および着火遅れ期間における噴射油量を少なくすることを考えればよい。すなわち
① 圧縮比を大きくしたり，給気の温度を上げたり，シリンダ温度を高めに

して圧縮温度を上げる
② セタン価の高い，またはCCAIの小さい着火性の良い燃料を使用する
③ 先立ち噴射やスロットルノズルを採用する
などが有効な手段である。

問19 ディーゼル機関における燃料噴射の要件と，燃焼の良否の判断方法を説明せよ。

答 ディーゼル機関の燃料噴射は，以下の要件を備えていなければならない。
① 霧化：燃料の噴霧油粒が空気と接触する総面積を大きくするために，噴射時に細分化しなければならない。
② 貫通力：油粒が燃焼を継続するためには，表面の燃焼ガスを追い払う必要上，油粒が貫通力によって空気中を進んで行かなければならない。
③ 分散：噴霧の拡がり角度（分散角）は隣接孔からの噴霧と重ならない範囲で大きくするほど空気との混合が良くなる。
④ 分布：完全燃焼するためには油粒が燃焼室内に均一に分布している必要がある。上記の①～③を満たし，なおかつ噴孔数や噴射角度が適正であれば，分布は良好となり，空気を有効に利用できる。

主機の燃焼状態の良否の判断は，シリンダ毎にインジケータ線図（手引き線図）を採取して検討することで，その良否を判断できる。またシリンダの排気温度，音響，煙突からの排気色，燃料消費率の値などから大まかな判断が可能である。

問20 燃料消費率とは何か。最近のディーゼル機関の値はどのくらいか。

答 燃料消費率とは，1正味出力（従来は正味馬力）1時間当たりに消費する燃料を重量で表したもので，次式で表される。単位はg/kWh（従来はg/PSh）を用いる。

2 ディーゼル機関

燃料消費率 $b_e = \dfrac{1000B}{\text{BHP}}$

B：1時間当たりの燃料消費量（kg/h）

BHP：正味出力（kW）＝軸出力

　燃料消費率は，出力やサイズの違う機関の性能を比較するのに便利である。最近の舶用ディーゼル機関の燃料消費率の値は，低速大型の2サイクル機関で160～175 g/kWh，中型・大型の4サイクル機関で170～185 g/kWh程度である。

問21 過給機の汚れ具合は何によって判断するか。

答 ① ブロワ側のフィルタの差圧の上昇
② 各シリンダの排気温度の上昇
③ 過給機入口・出口排気ガス温度差の低下
④ 掃気圧力の低下（回転数の低下）
⑤ インタクーラの空気側入口・出口温度差の低下

問22 過給機のタービン側の注水洗浄の手順を説明せよ。

答 ① 機関負荷を下げ，過給機回転数，排気温度を規定値以下にし，そのままの状態で30分程度運転する。
② 洗浄要具を取り付け，バルブ，コック類を操作し，規定間隔で洗浄を行う。
③ 洗浄終了後，ガス出口ケーシングからのドレン排出を確認し，徐々に負荷を上げ，乾燥運転を施行する。また，ドレン排出後，コックを操作してドレンラインを閉じ，シールエアを入れる。

問23 寒冷地においてディーゼル機関の起動が困難となるのはなぜか。

答 機関を継続着火させるためには所要の圧縮温度を得ることが必要である。舶用機関においては起動空気によって十分な回転を与えてこれを行っているが，寒冷地では以下の条件が重なり，起動困難となる。
① 機関の温度が低く，潤滑油の粘度が高いため，始動時の抵抗が大きくなる。
② 給気およびシリンダ温度が低く，圧縮温度が上がりにくい。
③ 燃料の着火性が低温状態では悪くなる。

問24 クランクピン軸受が発熱する原因は何か。

答 ① 潤滑油の不良や異物の混入
② 軸受隙間の調整不良や片締め
③ 軸とメタルの仕上げ不良，軸受面圧の過大
④ 軸受メタルの材質不良
⑤ クランク軸心の狂いまたは連接棒中心の狂い
⑥ スラスト軸受の摩耗によるメタルとクランクアームの接触

問25 性能曲線とはどのような曲線か。また，何が表されているか説明せよ。

答 性能曲線とは，機関の陸上試運転時のさまざまな項目の測定結果をグラフで表したものである。通常，機関負荷を25％，50％，75％，100％，110％に変化させて横軸に示し，そのときの各部の温度，圧力，回転数，その他の測定値を縦軸に示している。性能曲線は工場試運転時の成績を表しており，この数値は機関が最も良好な状態であることから，現在の機関の運転状態を把握する上で非常に重要である。主な測定項目には以下のものがある。

主機回転数，過給機回転数，機械効率，図示平均有効圧，正味平均有効圧，掃気圧，シリンダ最高圧，シリンダ出口排気温度，過給機出口排気温度，燃料消費量，燃料消費率，ポンプマークなど。

2.2 機関Ⅱ（整備・燃焼・その他）

問1 ディーゼル機関のシリンダライナの材質と特徴を言え。また，摩耗量に関して述べよ。

答 一般にシリンダライナ材としては，パーライト鋳鉄が用いられている。
　パーライト鋳鉄は，その組織中に黒鉛分を適量かつ均一に含んでおり，固体潤滑性に優れ，油膜の保持性および異物の埋没性が良いという性質を持っている。
　大型2サイクル機関の正常摩耗状態での定常摩耗は，1,000時間当たりの摩耗量が0.1mm程度である。なお，クロムメッキを施したライナには，メッキを施したリングは使用できない。大型機関では一般的にライナの硬さ（180〜200H_B）はリング（200〜240H_B）より少し低くしている。

問2 シリンダライナの摩耗の原因を述べよ。

答 ＜運転に伴う原因＞
　① ピストンリングの張力およびリング背面に漏れたガス圧により，リングを張ってシリンダ内を摺動するために生ずる摩耗
　② 連接棒の傾斜によるピストン側圧による摩耗
＜設計・工作上の原因＞
　① シリンダライナの材質不適による摩耗
　② シリンダライナ内壁面の仕上げ不良および内面の変形による摩耗
　③ ピストンリング張力の過多および材質不適（硬すぎ）による摩耗

〔参考〕ライナのトップクリアランス：トップクリアランスを持つことで，ピストンがシリンダヘッドに触れないで，適正な圧縮比をも得るようにするとともに，ピストンピン軸受，クランク軸受が壊れても大事故にならないようにしている。

問3 シリンダライナの直径（内径）を計測する要領と摩耗限度を述べよ。

答 シリンダライナの内径は，上死点および下死点におけるトップリング位置とその中間付近の3カ所において，クランク軸方向およびその直角方向をシリンダゲージで計測する。摩耗量が使用限度内であっても，真円度や円筒度が限度を超えるものは交換する必要がある。

一般にクロムメッキを施していないシリンダライナの摩耗による使用限度は，$6～8D/1000$（D：シリンダ直径）である。クロムメッキを施している場合は，クロム層が摩滅して地肌が現れるまで使用できる。しかし，小型機関では潤滑油の消費・汚損が激しくなるので，早めに $4D/1000$ 程度で交換したほうがよい。

問4 燃料噴射ポンプの噴射時期の測定方法および調整方法を述べよ。

答 プランジャの突き始めは，ポンプに設けられたのぞき窓でプランジャ案内筒の合わせ線により見る。または，ポンプの吐出管に短管を取り付けて先端を細く絞り，プライミングハンドルにてプライミングを施行した後クランク軸をターニングし，燃料油が短管の先端より漏れ始めるときの角度を突き始めの角度とする。ポンプの突き終わり角度は，のぞき窓ではわかりづらいため，さらにクランク軸をターニングして燃料油が管の先より漏れ出なくなった位置とする。

突き始めの角度の調整は燃料カムを移動させて行い，突き終わりの角度調整は，油量調整棒の先端に刻まれたラックとかみ合う調整輪とのかみ合いにより調整する。

問5 クランク室を点検する場合，どのような箇所を点検するか。

答 ボルト，ナットなどの締付け部，可動部の接触・ゆるみ，潤滑・冷却系統

2 ディーゼル機関

の漏洩,異物の混入の有無などの点検を行う。具体的には以下の部分の点検を行う。
① タイロッドのセットボルトの緩み
② 直結ポンプ駆動用ギア,チェーンなどの点検
③ クランクデフレクションの計測
④ 各部のクラック,亀裂などの有無
⑤ ピストンロッドの点検
⑥ クランクケース内の異物(ホワイトなど)の有無
⑦ 発錆の有無
⑧ クランクアームと主軸のずれ
⑨ クランクケース内の潤滑油の汚れ
⑩ 冷却水の漏洩
⑪ 各締付けボルト,ナットの緩み
⑫ 各潤滑部の送油状態および配管漏洩
⑬ ベアリングの間隙

問6 クランク軸は,主としてどのような部分を点検するか。

答 クランク軸において応力が集中しやすい部分は,断面形状が変化するピンとアームの付け根,アームジャーナルの付け根の,いわゆるフィレット部およびピンの油孔部である。このような部分には疲労によるヘアークラックが生じやすく,これを放置しておくとクラックが深部にまで及び,軸の破断にいたる。したがって,これらの部分は十分に目視検査をするとともに,必要に応じて染色浸透探傷法(カラーチェック)などの非破壊検査を行い,微細な傷を発見する。

また,ピンおよびジャーナル表面の肌荒れも点検しておく必要がある。

〔参考〕非破壊検査法として比較的よく用いられるものにはカラーチェックのほかに磁気探傷法や磁粉探傷法,超音波探傷法などがある。

問7 ディーゼル機関におけるクランクデフレクションが増加する原因は何か。

【答】 クランクデフレクションとはクランクアームの開閉作用（アームの間隔がクランク位置で広がったり狭くなったりする作用）のことで，増加する主な原因には次のものがある。
① ベッドの変形
② 主軸受の不同摩耗
③ 主軸受，クランクピン軸受の隙間の過大
④ クランク軸心の不正
⑤ シリンダ内の異常爆発
⑥ スラスト軸受の過大摩耗

〔参考〕主軸受の中心位置が狂い，クランクアームデフレクションが大きくなると，クランク軸に繰り返し曲げ応力が働き，クランク軸折損の原因となるため，許容限度を設けている。
- 工場試運転台における許容限度 $S/20000$ （S：ストローク）
- 安全に運転しうる限度　　　　$S/20000$
- 修正を勧告すべき限度　　　　$2S/10000$
- 修正を強要すべき限度　　　　$2.8S/10000$

問8　ディーゼル機関の燃焼過程を説明せよ。

【答】 ディーゼル機関の燃焼過程は，以下の4過程に分けられる。
① 着火遅れ期間：燃料油粒がシリンダ内に噴射され，発火点に達して自己発火するまでの期間。
② 爆発的燃焼期間：着火遅れ期間中に噴射された燃料油が一度に燃焼し，圧縮圧から最高圧まで圧力が爆発的に急上昇する期間。
③ 制御燃焼期間：爆発的燃焼期間の後，シリンダ内に噴射された燃料の量に応じて燃焼を制御することができる期間。
④ 後燃え期間：燃料油の噴射後，膨張行程中に大粒の油粒や密集部の油粒が燃焼する期間。

問9　ディーゼル機関における着火遅れとはどのようなことか説明せよ。

答　ディーゼル機関において，燃料油が噴射されて，空気の圧縮熱によって自己発火するまでの期間を着火遅れという。この期間には，燃料油粒が高温の空気に加熱されて気化し，混合気を形成しながら自然発火温度まで加熱されるまでの物理的遅れと，自然発火温度に達してから，実際に発火が起こるまでの化学的遅れがある。着火遅れが大きくなるとディーゼルノックという現象を起こし，機関に悪影響を与える。着火遅れが大きくなる主な要因としては以下のものがある。

① 機関が過冷のとき
② 燃料油の噴射時期が不適のとき
③ 燃料油のセタン価がその機関に対して不適のとき
④ 燃料油の噴霧状態が悪いとき
⑤ 圧縮圧，吸気圧が低いとき
⑥ 吸気温度，冷却水温度，燃焼室温度が低すぎる場合
⑦ 負荷が低いとき

問10　燃料噴射系における噴射遅れについて説明せよ。

答　プランジャポンプと自動弁を用いる噴射系において，燃料カムがポンプのプランジャに作用して燃料の圧縮を始めても直ちに燃料噴射が行われることはなく，ある時間遅れの後に噴射が始まる。この遅れの要因は，①ポンプ内の油圧が高圧管内の残圧を超えてポンプの吐出弁が開くまでの時間，②ポンプ出口に発生した圧力波が高圧管を伝わってノズルに達するまでの時間，③ノズルにおける油圧がニードル弁の開弁圧力に達するまでの時間である。これらの遅れを総合して噴射遅れと呼ぶ。

問11　シリンダライナとピストンリング摺動面に生じるスカフィングとは何か。

答　ライナとピストンリングの間の潤滑油膜が破壊されると，金属面同士が接触するため，摩擦係数は著しく増大し，発熱によって接触面が焼き付き，表

面がせん断的に破壊損傷を受ける。このような摩擦面の激しい損傷をスカフィングという。原因としては，ブローバイ，シリンダ油不良，FCC油など粗悪油の使用，燃焼不良，などがある。

問12　ピストンリングの役目は何か。

答　① ピストンの熱をシリンダに逃がす（放熱：ピストンが受けた熱量の70〜80％はリングを通してシリンダ壁へ伝達される）
　② シリンダに油膜をつくりピストンの滑りを良くする（潤滑）
　③ シリンダ壁についた余分なオイルをかき落とす
　④ オイル上がりを防ぐ（燃焼室へのポンピング作用）
　⑤ 圧縮または爆発したときのガス漏れを防ぐ（気密）
　⑥ ピストンのくび振りを防ぐ

問13　燃料噴射ポンプにはどのような種類のものがあるか。

答　燃料噴射ポンプには，シリンダごとに別々のポンプを備える単独式と，シリンダの数に関係なく数個のポンプによって燃料を共通の蓄圧器に蓄え，適当な時期に送油する蓄圧式とがある。現在多く使われるのは単独式で，噴射量の調整方法により以下の2種類に分類される。
① スピル式：プランジャがつねに一定行程を往復し，吐出した油の一部をシリンダに噴射し，残りを吸込み側に逃がす方式である。この方式は，逃がす油量を増減することで噴射量を調整することができ，プランジャ速度の大きいところだけを噴射に利用するので油の切れがよい。
② ボッシュ式：これはプランジャから吐出した油を全部シリンダ内に噴射する変行程式ポンプである。この方式ではプランジャに設けられた切欠きを回転させることで，燃料油の吸込口の高さ位置を変化させる。これによりプランジャの有効行程が加減されて，燃料の噴射量を調整することができる。

2 ディーゼル機関

問14 4サイクルディーゼル機関のバルブのオーバラップを説明せよ。

答 4サイクル機関において，吸入弁，排気弁が上死点あるいは下死点から開閉を始めるのが基本的なバルブタイミングであるが，実際には各死点の前から開き，各死点後に閉じるようにタイミングを調整している。そのため2回転に1回の割合で上死点において，吸気弁と排気弁の両方が同時に開いている時期が発生する。このように吸気弁と排気弁が同時に開いている時期をバルブのオーバラップという。

両弁が同時に開くことにより，吸気の慣性効果や排気の慣性効果を利用でき，吸入空気が増加するとともに，排気を完全に近い形で排出できる。さらに排気弁や燃焼室，ピストンなどを冷却して，各部の熱応力を軽減する効果もある。

オーバラップ角度は，過給機付きディーゼル機関で130～145°，無過給ディーゼル機関で20～50°である。

問15 危険回転数とは何か。

答 弾性軸にはその軸系固有の自然振動の周波数があり，これを固有振動数という。機関の運転中には主にクランクの回転力の変動による強制振動が軸に作用するが，両者が一致すると共振によって振幅が大きくなり，軸系に作用するねじり応力が過大になる。このような固有振動数と強制振動数の一致は，機関の特定の回転数において見られるので，そのような回転数を危険回転数（Critical Revolution）と呼んでいる。危険回転数で長時間運転すると，以下のような悪影響を生ずる。
① 機関や船体が激しく振動する。
② 軸系に大きなねじり力が働き，クロスマーク発生の原因となる。
③ 軸系のキー溝に過大な荷重がかかり，キー溝の損傷を生ずる。
④ 軸系にある歯車のかみ合い面に衝撃力がかかり，歯の折損や歯の摩耗のためにバックラッシュが増加する。また，バルブタイミングに狂いを生じる。
⑤ ピストンに激しい振動を生じ，焼付きの原因となる。

問16 ディーゼル機関の平均ピストン速度を説明せよ。

答 一定回転数で運転中のディーゼル機関のクランクピンは，クランク軸心の回りを同じ速度で回転しているが，クランクピンと連接されたピストンは，上死点・下死点間を同じ速度で往復していない。ピストンの速度は上死点で零であり，クランク腕と連接棒が約90度をなす点で最大となり，再び下死点で零となる。このようにピストンの速度は刻々と変化しており，行程移動中の速度を平均化したものを平均ピストン速度という。

$$\text{平均ピストン速度 } C_m \text{(m/sec)} = \frac{S \times 2 \times N}{60} = \frac{S \times N}{30}$$

　　　S：ストローク（m）
　　　N：機関回転数（rpm）

問17 ディーゼル機関に過給機を装備する理由を述べよ。

答 ディーゼル機関の出力は，シリンダ内で単位時間に燃焼できる燃料の量によって決められる。燃料の燃焼には一定量の空気を必要とするので，発生しうる出力はシリンダに供給できる空気量によって制限されることになる。機関のシリンダ容積を増加させないで，給気の圧力を高めてシリンダに投入すると，空気の密度が高まり，より多くの燃料を燃焼させることができ，機関の出力が増加する。

　過給機は，気筒容積を増加させることなく，出力を増加させる目的で装備されている。

問18 過給機のサージングとはどのような現象か。また，その原因について述べよ。

答 サージングとは，過給機のブロワの吐出量に比べて機関に必要な空気量が少ない場合，すなわちブロワの送出量が必要以上に多くなるときに，送風量，吐出圧力に周期的変動を起こして激しく振動し，騒音を発する現象である。

サージングを起こす原因には以下のものがある。
① ブロワ吐出側の流路抵抗が増えたとき
② 機関負荷に急激な変動があった場合
③ 減筒運転を行ったとき
④ シリンダの掃気ポートなどが汚れ，空気抵抗が増加したとき

問19 大型ディーゼル主機関（2サイクル）に装備されている補助ブロワの役割は何か。

答 機関を起動する場合，あるいは低負荷時の排気温度低下により排気エネルギが減少して排気タービン過給機の回転数が低下した場合，燃焼に必要な空気量が不足する。このようなとき，電動モータ駆動の送風機である補助ブロワを運転し，燃焼に必要な空気量を補っている。また，補助ブロワは低負荷時の過給機のサージング防止にも役立っている。

問20 オイルミストディテクタとは何か。

答 運転中のディーゼル機関のクランク室には，常時潤滑油の蒸気が存在しており，これをオイルミストという。これが一定の濃度に達した場合，ブローバイや軸受の過熱などの高温熱源によって引火爆発する危険がある。そのため，オイルミストの濃度が危険濃度に達した場合に警報を発する装置を装備することが義務づけられている。一般的に光電管を使用して光の透過率によってオイルミストの濃度を検知している装置をオイルミストディテクタという。

問21 ディーゼル機関の軸受メタルとして使用されるホワイトメタルとケルメットについて説明せよ。

答 ホワイトメタルの代表的な成分は90％スズ-10％銅（または，89％スズ-7％アンチモン-4％銅，80％鉛-15％アンチモン-5％スズ）で，基本的に低荷重用の合金なので，現在では軸受表面のなじみ性を改善するために

0.1 mm以下の薄膜（オーバレイ）として用いられる。

ケルメットは代表的な成分は銅に20〜45％の鉛を加えた合金で，熱伝導が良好で温度上昇が少なく，耐圧性・耐疲れ性に優れているため，高速・高荷重のディーゼル機関の軸受メタルとして最適である。しかしこの合金は，温度によっては鉛が表面に析出して軸受の摩耗粉になることがあり，この偏晶反応を消失させるために1％程度のニッケルを加えることもある。

問22　3層軸受メタルについて説明せよ。

答　トリメタルともいい，軸受裏金に軟鋼を用いて，これにケルメットのごく薄層を鋳込んで中間層とし，その表面に0.02〜0.05 mm程度のホワイトメタルの薄層を表面層として張り付けたものである。ケルメットは耐荷重性・耐摩耗性を有し，ホワイトメタルはなじみ性に優れている。

問23　図示出力の求め方を説明せよ。

答　図示出力（IHP）を求めるには，まず機関のインジケータ線図（p–v線図）を採取する。その線図から10等分法あるいはプラニメータを用いた面積法にて，図示平均有効圧P_iを算出し，次式にて1気筒当たりの図示出力を計算する。これを全シリンダについて求め，すべてを合算したものがそのときの機関の図示出力となる。

$$2\text{サイクル機関　IHP} = \frac{P_i \cdot L \cdot A \cdot N}{600}$$

$$4\text{サイクル機関　IHP} = \frac{P_i \cdot L \cdot A \cdot N}{600} \times \frac{1}{2}$$

　　　　IHP：図示出力（kW）
　　　　P_i：図示平均有効圧（MPa）　1 MPa = 100 N/cm^2
　　　　L：ストローク（m）
　　　　A：ピストン受圧面積（cm^2）
　　　　N：機関回転数（min^{-1}）

2 ディーゼル機関

問24 機械損失とは何か。また，負荷によってどのように変化するか。

答 機関のシリンダ内で発生する図示出力をすべて軸端からブレーキ出力として取り出すことは不可能で，必ず損失が伴う。この図示出力とブレーキ出力の間の損失とは，ピストンおよびピストンリングとライナの摺動摩擦，軸受における摩擦，カム軸や直結補機の駆動力などの機械的な損失であるから，機械損失または摩擦損失と呼んでいる。機械損失は機関の負荷にかかわらずほぼ一定と考えてさしつかえない。

〔参考〕ブレーキ出力 N_e と図示出力 N_i との比が機械効率 η_m である。機械損失は機関の負荷にかかわらずほぼ一定であることから，機関のブレーキ出力 N_e の増加とともに機械効率も増加する。

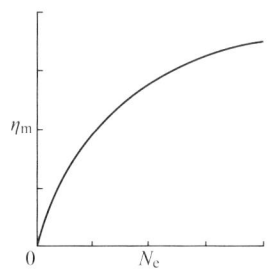

機械効率とブレーキ出力の関係

問25 2サイクルディーゼル機関のユニフロー掃気とはどのような掃気方式か説明せよ。

答 ユニフロー掃気とは，一般にシリンダライナ下部の全周にわたって設けられた掃気口から給気して，シリンダヘッドに設けられた排気弁から排気を流出させる掃気方式である。通常，掃気口は接線方向に角度をつけた構造とされ，給気がシリンダ内面に沿って旋回しながら上昇していくようにして掃除効果を上げている。

この掃気方式では気流の方向が一様であるため，新気と排気の混合が少なく，掃気効率は他の方式より良い。また，掃気口をライナ全周に設けることができるから，掃気口高さを低くして有効行程を大きくとれる。

シリンダの掃気作用は，シリンダの行程-内径比（S/D）によっても左右されるが，ユニフロー掃気式の場合には，他の掃気方式のように S/D の比較的大きい範囲においても掃気効率が低下することがないため，今日のようなロングストローク機関には最適な掃気方式である。

3 蒸気タービン

問1 蒸気 h–s 線図について説明せよ。

答 蒸気線図とも呼ばれ，縦軸に比エンタルピ h（kJ/kg）を，横軸に比エントロピ s（kJ/kgK）をとり，蒸気表の各値を線図で表したもので，可逆変化が垂直線で表され，比エンタルピの変化量が線分の長さで示される。また，圧力，温度など2つの値が与えられると，比エンタルピ，比エントロピ，乾き度，その他の蒸気の性質がわかる。

〔参考〕エンタルピ：基準状態の水を加熱して，ある圧力・温度の水や蒸気にしたとき，その水や蒸気に蓄えられる熱量。

　　　　エントロピ：基準状態の水を加熱して，ある圧力・温度の水や蒸気にしたとき，加熱量を絶対温度で除した値が，基準状態と比べて変化した量。

問2 タービンのラビリンスパッキンはどこに使用しているか。また，どのような材料を使用しているか。

答 ラビリンスパッキンは，一定間隔でフィンを植え，軸に溝またはフィンを設けて狭い小部屋を多数つくったもので，蒸気の漏洩または空気の侵入を防ぐために車室両端のグランド部や仕切板とロータ軸のすきま部分に用いられている無接触式の気密装置である。

材質としては耐熱性があることが必要であると同時に，接触した場合の事故を最小限に抑えるために，黄銅や銅ニッケルなどが用いられる。

〔参考〕ラビリンスパッキンは絞り作用と方向変換を原理としている。蒸気が高圧部から低圧部に流れる場合，通路の狭い部分で圧力が低下して速度を増し，次の広い部分に流入し，つばに衝突して渦流れを起こし速度が減少する。

3 蒸気タービン

問3 グランドパッキン（軸封）蒸気はどのような役目を果たしているか。

答 グランドパッキン蒸気はタービンの車室内（グランド部）の気密を保つため，自動制御装置により 10～20 kPa 程度に保持されているパッキン蒸気溜まりから供給される蒸気のことである。タービン停止中またはスピニング中において，パッキン蒸気溜まりの圧力が低くなると自動的に補助蒸気系統から供給され，運転中は圧力の高い車室からの漏洩蒸気をパッキン蒸気溜まりに供給している。

問4 タービンの暖機中，どのような事項に注意するか。

答
① 主蒸気管を徐々に暖め，不当に膨張させないようにする。
② タービン全体が均一に暖まるよう暖機は徐々に行う。
③ ドレン弁を全開にして車室内のドレンを十分に排除する。
④ パッキン蒸気圧力を規定の値に保つ（5～10 kPa）。
⑤ 車室など各部の膨張に注意する。
⑥ 復水器の真空を規定の値に保つ（200 mmHg 前後）。
⑦ ノズル弁を全部微開しておき，蒸気室，ノズル弁および向弁座などの不同膨張により弁棒を曲げたり，蒸気室に割れが入ったりしないようにする。

問5 暖機終了の基準について述べよ。

答 一定時間ごとに車室の温度上昇，膨張量を計測記録し，それぞれが目標値に達したら暖機が終了したものと判断する。型式や大きさにより異なるが，車室膨張量は約 0.8～1 mm，車室温度は 80～90℃程度とされ，夏季で 2～3 時間，冬季で 3～4 時間必要である。

〔参考〕タービンの暖機作業の概要
　　　主機タービンの暖機は，ターニング装置によりロータを回転させな

がら暖機蒸気を通気する。このとき，タービン室内に発生するドレンを排除し，また蒸気の流れを確保するため，主復水器を適度な真空状態（200 mmHg 程度）に保つ必要がある。この真空によって空気がタービン室内に流入するのを防止するため，タービン軸と車室の貫通部（グランド部）にグランド蒸気といわれる低圧蒸気を供給する。暖機蒸気は真空を作った後に前進および後進暖機蒸気弁を開けて通気する。作業手順を次に記す。
① グランド蒸気の供給
② 真空ポンプまたは蒸気エゼクタの運転
③ 暖機蒸気の供給

問6 試運転およびスタンバイに関して述べよ。

答
① 船橋へ試運転の了解をとる。
② ターニングモータを停止し，ターニング装置を離脱してロックする。
③ 前進操縦弁を微開して，前進ノズル弁との間の主蒸気管を暖管する。
④ 前進ノズル弁を微開してタービンを回すが，起動と同時に弁を閉めて，惰性で回転している間にタービンの接触音や減速装置に異常音のないことを確認する。
⑤ 同様に後進に回し，前後進を交互に1～2分間隔で数回行って，暖機の促進と異常の有無を調べる。
⑥ 試運転終了を船橋へ報告すると同時に，前進操縦弁を全開にする。
⑦ 自動的に前後進を行うオートスピニングにして出港の指令を待つ間，潤滑油ポンプや循環水ポンプなどの補機類の運転状態を確認する。

〔参考〕ターニング中もプロペラが回転するので船橋に連絡する。暖機は最低30分～1時間行う。パッキン蒸気を供給した後，5分間以上ロータを停止させない。

問7 タービン主機のオートスピニングについて説明せよ。

3　蒸気タービン

答　出港待ちなどの機関待機中，タービンを長時間停止するとロータが不均一に冷えてわん曲する。これを防止するため，一定時間（約2〜3分間隔）ごとに前・後進交互に操縦弁を微開し，タービンを前・後進に15rpm程度回転させることをスピニングといい，自動的に行うのをオートスピニングという。オートスピニング装置には，長時間停止やスピニング過速度，スピニング異常（回転数不足）などの警報装置がある。

問8　出港S/BからR/UPまでの注意事項を述べよ。

答　試運転終了後，出港S/B状態となる。
① 主機の回転に注意しながらゆっくり増速する。とくに振動に注意しながら増速する。
② 負荷変化によりグランド部の気密が破られやすいのでグランド蒸気圧力に注意する。
③ 前進・停止・後進の操作はタービンの取扱い操作基準に従う。
④ 増減速が頻繁なときはドレンの排除に注意する。
⑤ 主機停止して3分以上経過すると局部加熱・冷却によってロータが曲がる恐れがあり，回転上昇時に振動値が上昇する傾向にある。したがって，絶対に3分以上タービンロータを止めない。
⑥ 通常のタービンリモコン装置では，ロータが停止して1分以内にオートスピニングモードが作動する。このオートスピニングの作動を確認する。

　R/UPになれば，タービンリモコン装置のモードスイッチを"NORMAL CONDITION"位置にすることにより，以下が作動する。
① 後進中間弁の自動閉鎖
② タービン付きドレン弁の自動閉鎖
③ 主復水器冷却用主循環水ポンプをスクープに切り替え
　主機回転数，出力上昇により所定の抽気圧力で自動的に抽気モードに切り替わることを確認する。また，モータ駆動LOポンプがある場合は，所定の回転数で，自動的にモータ駆動LOポンプから直結式LOポンプへ切り替わることを確認する。

問9 通常停泊時の冷機作業について述べよ。

答 一般に冷機前のタービンの状態は，ターニング，暖機状態かオートスピニングの状態である。以下のように冷機作業を行う。
① 復水器の真空を 500 mmHg 程度に下げる。
② グランド蒸気圧を 6 kPa 程度に下げる。
③ タービン前進締切弁を閉鎖し，タービンの回転を停止させる。
④ ターニングを開始する。これにより，グランド蒸気でタービンの暖機状態を保持する。
⑤ 主蒸気塞止弁，後進中間弁を閉止する。
（⑥ 機関制御室タービントリップレバーでトリップ状態にする。）
⑦ コントロール LO ポンプを停止，およびタービン付き各ドレン弁の漏洩を確認する。

問10 完全冷機作業について述べよ。

答 通常停泊時の冷機作業から 1 時間程度経過後に以下の作業を行う。
① 復水器真空を 200 mmHg 程度に下げる。
② グランド蒸気圧力を 2 kPa 程度に下げる。
③ 30〜60 分程度経過したら真空ポンプ（エジェクタ蒸気）およびパッキン蒸気を停止する。
④ 主復水器に流入している排気蒸気を補助復水器に切り替える。
⑤ 適時，復水ポンプと主循環水ポンプを停止する。
⑥ 各軸受の温度の低下，LP タービンケーシングの温度低下を待って LO ポンプを停止し，ターニングを止める。

問11 タービン潤滑油中に混入する不純物はどのようなものがあるか。

答 新造直後は，装置や配管内に残っていた鋳造かす，金属粉，ごみなどが混

3 蒸気タービン

入しやすい。運転中は，車室のグランドなどから蒸気，水分，空気中の酸素が混入しやすい。また，冷却海水系統から海水が混入する恐れもある。

問12 航海中の潤滑油の注意事項を述べよ。

答
① LO重力タンクのサイトグラスからいつもLOが流れていること。
② LO軸受入口温度は45℃程度で，32℃以下にしない。
③ 軸受温度は50～65℃程度で，65℃を超えない。
④ LO圧力は80～100kPaに保持する。
⑤ 定期的にLOを分析する。

問13 蒸気タービンの膨張段落の途中から蒸気の一部を抽気するのはなぜか。

答 蒸気復水タービンにおいて排気を復水にするとき，復水器に捨てる熱量は膨大である。この損失を軽減するために，抽気タービンではプラントの給水加熱などに必要とする蒸気を，復水タービンの膨張段落途中から蒸気を抽出して給水加熱に用いる。したがって，抽気のためにタービンから復水器へ排出する蒸気量は，はじめに供給した蒸気量より少なくなる。このように，抽気することによりタービンの出力は減少するが，プラント全体の効率は上昇させることができる。

問14 タービンの調速方法について説明せよ。

答 ノズル締切り調速および絞り調速の2種類がある。
タービンの出力 W（kW）は次式で表される。

$$W \propto \eta \cdot G \cdot h$$

　　η：タービン効率（80～85％）
　　G：蒸気消費量（kg/hr）
　　h：蒸気のタービン内熱落差（kJ/kg）

この式によって，出力を調整するには G, h を変えればよいことがわかる。絞り調速はタービン入口の蒸気条件（圧力および温度）を変化させ，h を調整する方法である。すなわち，操縦弁の弁開度を加減する方法である。これに対してノズル締切り調速は，タービン入口蒸気量 G を変更する方法である。G の変更はノズル数の加減によってなされる。

（注）h の変化とともに絞り作用による圧力降下を伴い，流量も減少するが，絞り前後のエンタルピは不変である。

問15 タービンの危急遮断装置が作動するのはどのような場合か。

答　① 潤滑油圧低下
　　② 制御油圧低下
　　③ 過速度
　　④ スラスト軸受摩耗過大
　　⑤ ロータ軸振動
　　⑥ 復水器真空低下
　　⑦ 主蒸気圧力低下
　　⑧ 復水器水位上昇
　　⑨ 制御電源喪失

問16 抽気時の1段給水加熱器，脱気器，3段給水加熱器および4段給水加熱器の熱源は各々どこから導かれるか。

答　蒸気タービンプラント（4段抽気，4段給水加熱方式）について以下に記す。
　① 1段給水加熱器：主機4段抽気蒸気が熱源となる。
　② 脱気器：主給水ポンプタービン排気（0.3 MPa）および主機3段抽気から減圧弁（0.43/0.17 MPa）を通して熱源とする。また，バックアップとして緩熱蒸気ラインから減圧弁（1/0.17 MPa）を通して加熱できる。
　③ 3段給水加熱器：主機2段抽気蒸気が熱源となる。また，バックアップとして緩熱蒸気ラインから減圧弁（6/1.0 MPa）を通して加熱できる。

④ 4段給水加熱器：主機1段抽気蒸気が熱源となる。また，バックアップとして緩熱蒸気ラインから減圧弁（6/1.6 MPa）を通して加熱できる。

問17 主復水器からボイラにいたる給・復水の経路を述べよ。

答 主復水器→復水ポンプ（→空気エジェクタ）→グランドコンデンサ→1段給水加熱器→脱気器（2段給水加熱器）→主給水ポンプ→3段給水加熱器（→4段給水加熱器）→エコノマイザ→ボイラ

〔参考〕最近のプラントでは空気エジェクタを採用せず，真空ポンプを取り付ける。また4段給水加熱器を据え付けないこともある。

問18 復水器を真空にするのはなぜか。また，真空はどのくらいか。

答 蒸気は膨張により熱エネルギを放出して仕事を行うため，低圧部とくに大気圧下の部分での熱落差が大きい。したがって，蒸気タービンの出力の増加ならびに熱効率を高めるには，復水器を真空にして排圧をできるだけ低くして熱落差を大きくしている。

　復水器の真空は，冷却水として使用する海水温度によって左右されるが，標準海水温度を一般に24℃とし，722 mmHg（5 kPa abs）の真空が得られるよう設計されている。

問19 タービン船において，海水温度が高くなると出力はどうなるか。また，それはなぜか。

答 海水温度の上昇につれて復水器内の飽和温度ならびに飽和圧力が上昇するので，タービンでの熱落差が減少して出力を低下させる。

〔参考〕ランキンサイクルの場合，熱効率 η は次式で表される。

$$\eta = \frac{h_1 - h_2}{h_1 - h_3}$$

h_1：タービン入口蒸気のエンタルピ

h_2：タービン出口蒸気のエンタルピ
h_3：給水のエンタルピ

この式において，復水器内の飽和温度・圧力が上昇すれば，それにつれて h_2, h_3 も増加する。しかし，その増加割合は h_2 の方が著しいので，結果的に (h_1-h_2) が減少し，熱効率が低下する。

問20　タービン内の仕切板の役目は何か。

答　衝動タービンに用いられ，第2段以降のノズルの支持ならびに段落の気密を行う。

〔参考〕仕切板は分解・組立を容易にするため水平面で上下に2分割され，その外周付近にノズルが取り付けられている。車室への取付けは，外周部を車室内壁のみぞにはめ込み，軸方向には膨張できないが，半径方向には膨張できるようにしている。また，仕切板の内周にはロータ軸との間のすきまから蒸気が漏洩しないようラビリンスパッキンが設けられている。

問21　蒸気弁を開くとき，どのような注意が必要か。

答　蒸気弁を開く前に十分ドレンを排除しておく必要がある。また蒸気弁を急激に開くと，冷たい蒸気管内で発生するドレンによってドレンアタックを生じる。したがって，はじめは弁を微開し，暖まってから全開することが必要である。

問22　たわみ継手を設ける目的について説明せよ。

答　たわみ継手はタービン軸端と第1小歯車および第1大歯車と第2小歯車の連結部に，次のような目的で設けられている。
① 温度変化による軸系各部の膨張を吸収させる。
② 中心線に狂いが生じても，軸系内に無理を起こさせない。

③ 振動を防止し、そしてトルクを伝える。
④ 歯面に均一な荷重をかけ、局部摩耗、損傷を防止する。

問23 タービンに使用される軸受の種類をあげよ。

答 ① ジャーナル軸受（タービン軸受）：タービンの両端部に設けられ、半径方向荷重を保持し、ロータ軸の中心を一定に保つ。安全装置として軸受の両端部に安全帯を設けている。
② スラスト軸受：タービンの蒸気入口側に設けられ、蒸気の流動による軸方向荷重を保持し、軸方向の位置を一定に保つ。安全装置としてスラスト軸受異常摩耗による危急停止装置を設ける。

問24 復水器の真空低下の原因にはどのようなものがあるか。

答 ① 復水器冷却用循環水ポンプの作動不良またはスクープラインの閉鎖による冷却水量の不足。
② 復水管の閉鎖および汚損。
③ 荒天などにより海水吸入弁から空気を吸い込んだとき。
④ メイクアップ弁の作動不良。
⑤ 復水装置の各管系からの空気の漏入。
⑥ パッキン蒸気の調整不良。
⑦ 復水ポンプの作動不良などにより復水器水面が高くなり、抽気が不能のとき。

問25 蒸気タービン主機関を前進運転から急激に後進運転に移行するときの注意事項について述べよ。

答 ① 後進タービン関連のドレンを十分排除する。
② 前進蒸気操縦弁を閉める。このとき、ボイラのABCの追従に注意し、とくに缶圧が急上昇しないように努める。

③　必要ならば後進蒸気操縦弁を微開し，前進回転数が一定回転（約20rpm）以下でブレーキ蒸気を入れる。
④　完全に停止後，後進蒸気操縦弁を徐々に開け，後進回転数を上げる。

〔参考〕航海中は復水器冷却にスクープを使用するため，逆転すれば船速の低下により復水温度上昇，真空低下につながるので，復水器冷却海水ポンプの起動が要求される。また後進時の前進タービン羽根の通風損失およびこれによる羽根の過熱を防ぐため，真空を高く保持することが要求される。

4 ボイラ

4.1 補助ボイラ

> **問 1** ボイラ効率について説明せよ。また，その値は何%程度か。

答 ボイラにおける熱効率のことで，蒸気発生に用いられた熱量と外部から供給された熱量（燃料の保有熱量）の比である。燃料の低位発熱量を基準とすると，次式で与えられる。

$$\eta = \frac{G(h_1 - h_0)}{BH_L}$$

B：燃料消費量（kg/h）
H_L：燃料の低位発熱量（J/kg）
G：発生蒸気量（kg/h）
h_1：発生蒸気の持つエンタルピ（J/kg）
h_0：給水の持つエンタルピ（J/kg）

ボイラ効率を上げるには，ボイラの熱損失「①排ガスによる熱損失，②不完全燃焼ガスによる熱損失，③燃料未燃分による熱損失，④放熱による熱損失，⑤その他の熱損失」をできる限り少なくすることである。

効率の概略値は，補助ボイラで 80〜85%，主ボイラで 90% 前後である。

> **問 2** 空気抜き弁（エアベントバルブ）はどのような場合に開閉するか述べよ。

答 ① 気醸するときに空気を除去する。気醸時に開放しておき，蒸気が発生しボイラ内の空気が除去され，連続的に蒸気が噴出するようになったら閉鎖する。
② 解放検査や内部水洗いの際に，ボットムブローによってボイラ水を排出した後，残存蒸気を排出する。

問3 熱媒油式ボイラシステムの特徴を述べよ。また，どのような安全装置を備えているか。

答 熱媒油を用いることにより，大気圧で200℃程度の高温を得ることが可能となり，高圧の圧力容器を必要としない。また，熱媒体に腐食性がなく水処理が不要なことや，圧力が低いために安全装置が簡略化されるなど，取扱いが容易となっている。内航船において広く使用されている。

　ボイラの構造は，数本の加熱管を円筒状に巻いて上下を管寄せにし，バーナを缶体の上に取り付けたものが一般的である。ボイラ下部の入口管寄せに流入した熱媒油は，加熱管にて200℃前後に加熱され，出口管寄せから流出し，循環ポンプにて各加熱器に送られ，再びボイラに戻される。

　ボイラの安全装置としては
① 熱媒油過熱温度防止用リミットスイッチ
② ボイラ出入口熱媒油差圧スイッチ
③ 逃し管または逃し弁
④ 膨張タンク液面低下検出スイッチ
⑤ ボイラ本体熱媒油漏洩検知スイッチ
などがある。

問4 補助ボイラのボイラ水のブローの目的と種類を述べよ。また，ブローはどのような手順でバルブ操作を行うのか説明せよ。

答 ボイラ水のブローは，濃縮されたボイラ水を排出し，ボイラ水の濃度（塩素イオン濃度）を下げる目的がある。ブローの種類には，ボイラ底部の沈殿物を除去するために行うボトムブロー（缶底吹出し）と，停泊時のように水面が落ち着いた状態のときに水面の浮遊物や油分を除去するために行うサーフェスブロー（水面吹出し）がある。

　弁の開閉操作手順は缶肌弁，船外弁，中間弁の順で開弁する。中間弁の開弁時には，弁の熱応力およびウォータハンマに注意する。閉弁する場合は，中間弁，船外弁，缶肌弁の順とする。なお，ここで言う中間弁とは船外弁の

隣にある逆止弁を指す。この中間弁でブロー水の流量調整を行う。これは，船外弁の弁座を損傷させないためで，中間弁に逆止弁を採用することにより，ブローラインへの海水の逆流を防いでいる。

問5 ボイラにはどのような缶付き弁（肌付き弁）があるか。

答 ボイラ（圧力容器）に直接取り付けられた弁を肌付き弁と呼び，以下のような弁がある。

① 主蒸気止め弁　　　　⑧ 水面計元弁
② 補助蒸気止め弁　　　⑨ 遠隔水面計元弁
③ 給水止め弁　　　　　⑩ サンプル水元弁
④ 補助給水止め弁　　　⑪ 空気抜き弁
⑤ 水面吹出し弁　　　　⑫ 安全弁
⑥ 底部吹出し弁　　　　⑬ 排エコ循環水元弁および戻り弁
⑦ 圧力計元弁　　　　　など

問6 ボイラのABC（ボイラ自動制御装置）について説明せよ。

答 代表的なものを以下に説明する。
① 自動燃焼制御装置（ACC：Automatic Combustion Controller）：補助ボイラではボイラ出口の圧力，主ボイラでは過熱器出口の圧力を一定にするように，燃焼制御装置の燃料と燃焼空気の量を制御する装置である。起動停止制御やバーナ本数制御（BMS：Burner Management System）も含まれる。
② 給水制御装置（FWC：Feed Water Controller）：ボイラ水位を一定に保つように給水量を調節する給水制御装置のことである。炉筒ボイラではボイラ水位のみを検出する1要素式給水制御が用いられるが，2胴D形水管ボイラでは，伝熱面積当たりの保有水量が少ないために，負荷の急激な変化により水位が逆応答することがあるので，2要素式や3要素式が採用される。給水制御方式は，給水量を調節するために検出する要素により
• 1要素式給水制御：ボイラ水位

- 2要素式給水制御：ボイラ水位，蒸気流量
- 3要素式給水制御：ボイラ水位，蒸気流量，給水量

がある。
③ 余剰蒸気ダンプ制御（SDC：Steam Dump Control）：たとえば，ディーゼル船で排ガスエコノマイザからの蒸気の発生量が使用量より多い場合，圧力調整弁（ダンプ弁）を使用し，余剰蒸気を復水器へ逃がして圧力の上昇を防ぐ。
④ 蒸気温度調節装置（STC：Steam Temperature Controller）：主ボイラの過熱器出口の過熱蒸気の温度を自動制御する装置である。過熱器内の蒸気の一部を適当な場所から過熱低減器に導き，その出口側にSTC弁を装備したもので，STC弁は過熱器出口蒸気温度を一定に保つように作動する。

問7 ボイラの点火前にはどのような注意が必要か述べよ。

答
① ボイラの燃焼室内およびバーナ付近の漏油には十分注意する。
② ダンパを開き通風をよくして，炉内のガスを換気する。
③ 燃料油の加熱温度を確認する。
④ 燃料油タンクレベルの確認とドレン切りを行う。
⑤ ボイラ水位を確認する。
⑥ 点火時の噴油量を調整する。
⑦ 蒸気噴霧式バーナでは蒸気のドレン切りを行う。

問8 ボイラの給水弁である給水制御弁，給水止め弁，給水逆止弁の役目は何か。

答
① 給水制御弁：ボイラの水位を一定にするように給水を加減する。
② 給水止め弁：肌付き弁である。給水管系の給水止め弁や制御弁を開放修理する必要があるときに，ボイラとの連絡を遮断する。
③ 給水逆止弁：給水ポンプの吐出圧がボイラ圧より高い間だけ開弁し，ボイラ水が給水ポンプ側に逆流するのを防ぐ。

4 ボイラ

|問9| 水面計の取付け位置は何を基準にするか述べよ。

|答| ① 常用水面が水面計の中央に位置するようにする。
② 水面計で水面が見える最下部を安全水面より上にする。

|問10| ボイラの水位が正常でない原因は何か。また，自動給水制御装置で水位はどのように検出するか。

|答| 水位が異常に低下する原因には次のことが考えられる。
① 蒸気消費量の増大
② 自動給水制御装置など給水系統の故障
③ 水面計の故障
④ 安全弁などボイラ付属の弁の漏れ
　また，異常に増加する原因としては次のことが考えられる。
① 蒸気消費量の減少
② 復水器冷却管の腐食，割れなどによる海水の漏入
③ 給水系統の弁の漏れ
④ 自動給水制御装置，水面計の故障
　自動給水制御装置での水位検出方法は
① フロート式
② 熱膨張式（蒸気部と水部を連絡する部分に膨張管を取り付け，膨張管の伸縮により検出する）
③ 差圧式（定水位頭を取り付け，ボイラ水位と定水位頭の水位の差圧をダイヤフラムで検出する）
④ 電極式（4極の電極をボイラ胴に連絡管で結ばれた検出筒に取り付けて電極に流れる電流の有無により検出する）
がある。最近のボイラには③，④が採用される。

|問11| ボイラの運転中に水面計から水面が見えなくなったときの処理を述べよ。

答 ボイラの水面計のブローテスト（ダブルシャットオフまたはシングルシャットオフなど）により水位を確認する。
① 水位が高すぎる場合は，キャリオーバに注意しながら給水を止めてボイラ水のブローを行う。その後，原因を調べる。
② 水位が低すぎる場合は，バーナの消火，FO タンクヒーティングなどの閉鎖可能な蒸気弁を閉鎖，給水ライン，給水弁を確認後，使用可能な給水ポンプにより給水する。
③ 水面計が故障している場合は，水面計を修理する。
　水面計のテスト方法に，ダブルシャットオフおよびシングルシャットオフといわれる方法がある。前者はスタンドパイプ内に水路がある水面計に，後者はスタンドパイプ内に水路がない水面計の蒸気側と水側の水路や弁，コックの異常を判断するための水面計のテスト方法である。

問12 ボイラの燃焼状態の良否を判断する方法を述べよ。

答 ① 煙道ガスの分析による方法
- CO_2 計により CO_2 を測定し，燃焼状態を判断する（完全燃焼時の排ガス中の CO_2 濃度は 12～14％程度）
- O_2 計により O_2 を測定し，燃焼状態を判断する。

② スモークインジケータ（リンゲルマン式）により，煤煙濃度を測定する方法
③ 炉内の火炎の色，煙の色などにより，空気または燃料の過多を判断する方法

供給空気量	火炎の色	煙の色
過少	暗紅色で炉内が暗い	黒色
過多	白色で先端に火花が飛び散り炉内が明るい	黄褐色，無色または白
適量	黄白色で光が強い	淡灰色または無色

④ 負荷や排ガス温度などのデータから判断する方法

問13 ボイラが完全燃焼する条件は何か。

答 ① 供給空気および燃焼をできるだけ高温に保ち，かつ炉内温度を燃料の着火温度以上に保持する。
② 供給空気と燃料を十分に混合させる。
③ 燃料油中の水分，不純物を除去する。
④ 燃焼時間を十分に与える。

問14 バックファイアとはどのような現象か。また，どのようなときに起こるか。

答 バックファイアとは炉内ガスが炉前に吹き出る現象のことで，次のようなときに発生する。
① プリパージ，ポストパージを怠ったとき。
② ダンパを絞りすぎたとき。
③ 点火時の点火遅れ。
④ 火種を用いず炉熱で点火したとき。
⑤ 燃料のバーナ弁を開けすぎたとき。
⑥ 振動燃焼が発生したとき。
〔参考〕プリパージとは点火前の炉内の換気，ポストパージとは燃焼終了時の炉内の換気。

問15 スートファイアを防止するためにどのような点に注意するか。

答 すすの発生をできるだけ少なくするような主機の整備，燃料の前処理を施行するとともに，次のような運転を心がける。
① 缶水循環ポンプはできるだけ停泊中も連続運転する。
② 定期的なスートブローを行い，主機の回転を下げる前には必ずスートブローを施行し，排ガスバイパスダンパが装備されているならば全量バイパスする。
③ 排エコのドラフトロス，排ガス温度などにより，適時，排エコのエア吹かしまたは水洗いを行う。

問16 ボイラの自動危急燃料遮断弁の作動原因および失火の原因を述べよ。

答 (1) 燃料油遮断弁作動の原因
　　警報および燃料遮断：①不着火（失火），②低油温，③低油圧，④極低水位，⑤FDF（押込送風機）停止，⑥電源喪失，⑦アシスト蒸気を使用する場合はアシスト蒸気圧の低下
(2) 失火の原因
　① 燃料中に多量の水分が混入したとき
　② バーナチップが汚損したとき
　③ フレームアイが汚損したとき
　④ 重油の加熱温度不適のとき
　⑤ 電源喪失によって燃料油ポンプが停止したとき
　⑥ 重油のこし器が詰まったとき
　⑦ 重油または蒸気の加減弁を絞りすぎたとき

問17 ボイラ水のpH，Pアルカリ度，Mアルカリ度について説明せよ。

答 pHは水素イオン濃度指数で，$pH = -\log_{10}[H^+]$ で表される。pHはアルカリ性，中性，酸性の指標とされ，ボイラ水中の水素イオンと水酸化物イオンのモル濃度の相関を示したものである。
　アルカリ度とは水に溶けているアルカリ性物質の濃度を示したもので，Pアルカリ度とMアルカリ度（トータルアルカリ度）がよく使用される。Pアルカリ度とはpH8.3に達するまでの酸の消費量を，Mアルカリ度とはpH4.8に達するまでの酸の消費量を，炭酸カルシウムに相当する濃度に換算したものである。したがって，「Pアルカリ度 ≦ Mアルカリ度」の関係がある。

問18 ボイラの水質試験項目と値を述べよ。

答 補助ボイラでは，①pH，②Pアルカリ度，③Mアルカリ度，④塩化物イオン濃度，⑤りん酸イオン濃度，⑥電気伝導率，⑦採用している脱酸素剤濃度，の水質試験を行う。また，主ボイラでは，⑧残留ヒドラジン，⑨シリカなどが追加される。

　1 MPa 未満の船用ボイラで給水に原水・軟化水および蒸留水を使用した場合の水質管理基準値を次表に示す。

試験項目	原水・軟化水	蒸留水
pH	11.0～11.8	10.5～11.5
酸消費量（pH8.3）mgCaCO$_3$/lit.	500 max.	200 max.
酸消費量（pH4.8）mgCaCO$_3$/lit.	600 max.	250 max.
塩化物イオン mgCl/lit.	100 以下	50 以下
りん酸イオン mgPO$_4$/lit.	20～40	20～40

　なお，補助ボイラの脱酸素剤として，亜硫酸ナトリウムが採用されるときには亜硫酸イオン濃度：10～20 ppm，ヒドラジンが採用されるときにはヒドラジン濃度：0.1～0.5 ppm が管理基準値となる。

〔参考〕JIS B8223（2021年）では，「Mアルカリ度（酸消費量 pH4.8）」は試験項目から削除されている。

問19 ボイラにおいてキャリオーバが起こる原因は何か。

答 フォーミングやプライミングが要因となりキャリオーバは発生する。
① ボイラ水の濃度が高いとき。
② 急激な負荷がかかり，圧力が急に降下したとき。
③ 蒸発率が過大となったとき。
④ 蒸発水面が少ないとき。（構造）
⑤ 油分や固形分が多量に浮かんでいるとき。
⑥ ボイラ水の水位が高すぎるとき。
⑦ 蒸気ドラムの構造が複雑で，気水分離が困難なとき。（構造）

⑧ 高圧ボイラでシリカが許容限度以上に含まれたとき。

問20 ボイラの水処理に使用される清缶剤の種類と主な役目を述べよ。

答
① 炭酸ナトリウム（Na_2CO_3）：pH 上昇，硬度成分除去（高圧ボイラには使用しない）
② 水酸化ナトリウム（NaOH）：pH 上昇
③ りん酸ナトリウム（Na_2HPO_4，Na_3PO_4）：pH 調整，りん酸イオン濃度増加（硬度成分除去）
④ 亜硫酸ナトリウム（Na_2SO_3）：脱酸素
⑤ ヒドラジン（N_2H_4）：脱酸素

問21 ボイラの蒸気噴射式すす吹き装置を使用する場合の注意事項を述べよ。

答
① すす吹き装置の蒸気管は十分に暖機し，ドレンを切る。
② ドラフト（風圧）を増加する。
③ ボイラの負荷を必要なら低下させる。
④ 船橋に連絡して風向，海域に関する安全を確認する。
⑤ スートブローの実施順序を正しく行う。

問22 排ガスエコノマイザの低温腐食を防ぐために，どのような取扱いが必要か。

答 排ガスが露点温度以下にならないように排ガス出口温度（155℃以上），給水温度（135℃以上）に注意して伝熱管の表面温度を下げすぎないようにする。燃焼ガス中の無水硫酸が多いほど露点温度が高くなるため，できるだけ空気過剰率を下げて運転する。また，低負荷運転の前にはスートブローを

施行して管表面のすすを除去し、排エコにバイパス管があれば切り替える。
〔参考〕硫酸が生じる過程は以下のようである。
　　　　① $S+O_2\rightarrow SO_2$：亜硫酸ガスの発生を、硫黄分の少ない燃料油を使用して抑える。
　　　　② $SO_2+1/2\,O_2\rightarrow SO_3$：無水硫酸の発生を、過剰空気を少なくして抑える。
　　　　③ $SO_3+H_2O\rightarrow H_2SO_4$：硫酸の生成を防ぐため露点温度以下にしない。

4.2　主ボイラ

問23　緩熱器および過熱低減器について説明せよ。

答　緩熱器は過熱蒸気の温度を低過熱度の蒸気または飽和蒸気まで低下させる装置である。緩熱蒸気と呼ばれるこの蒸気は補機用蒸気、加熱用蒸気、サービス蒸気として用いられる。
　過熱低減器も緩熱器と同じように、過熱蒸気の温度を低過熱度の蒸気または飽和蒸気まで低下させる装置であるが、主機タービン用として機関の負荷の変動に対して過熱蒸気温度を一定（515℃）にする蒸気温度制御装置（STC）に用いられる。

〔参考〕主ボイラにおいて、蒸気ドラムから過熱器、過熱低減器、STC、緩熱器を経由した主蒸気・補助蒸気の流れを図解説明できれば、関連した問題も答えられる。

問24　脱気器（ディアレータ）の脱酸素作用はどのようにしてなされるか。また高所に設ける理由は何か。

答　脱気器とは給水を加熱するとともに、給水中に溶存する空気や炭酸ガスを除去して、ボイラ、タービンプラントの腐食を防止するためのものである。船舶では加熱脱気器（20～200 kPa）が使用され、①蒸気により給水を加熱

し，②ガスの分圧を下げ，③微滴化する，ことにより物理的にガスを分離除去する。

　高所に設ける理由は，脱気器出口の給水温度が高いため，給水ポンプ内で沸騰しないようポンプ入口に水頭をかけ，キャビテーションを防止するためである。

> **問25**　ボイラ胴と過熱器付き安全弁はどちらが先に噴気するか。また，それはなぜか。

答　過熱器付きの安全弁を先に噴気させる。理由は，ボイラ胴の安全弁が先に噴気すれば過熱器を流れる蒸気が減少し，過熱器を焼損する恐れがあるからである。

〔参考〕主ボイラの起動時，過熱器出口の起動弁を開放するが，これは過熱器に蒸気を流さなければ，同じように過熱器を焼損する恐れがあるためである。

5 燃料・潤滑

問1 重油の硫黄の含有量はどれほどか。また硫黄分は機関にどのような害を及ぼすか。

答 重油中の硫黄含有量は，原油の産地により異なるが，舶用機関に使用される第3種重油（C重油）は，およそ0.1～3.5質量％である。燃料中に硫黄分が多いと低温腐食の原因となり，硫黄分が少なすぎると機関に次のような障害が発生する。
① ピストンリングおよびシリンダライナのスカフィングまたは過大摩耗
② 燃料ポンプのプランジャまたはライナの過大摩耗

〔参考〕① IMO（国際海事機関）は2020年以降より，船舶の航行する一般海域での燃料油の硫黄分の質量％を0.5％以下とし，ECA（Emission Control Area：船舶からの大気汚染物質放出規制海域）では，0.1％以下と義務づけた。
② 一般海域で使用する0.5％以下の燃料重油（合成燃料油）をVLSO（Very Low Sulfur Fuel Oil）と呼び，ECA領域では軽油と同等の成分であるMGO（Marine Gas Oil）を使用する。
③ 硫黄分が0.5質量％を超える燃料重油を使用する場合は，煙突にスクラバー（排ガス洗浄装置）を設置する。

問2 引火点，発火点，流動点，凝固点について説明せよ。また，船用重油の引火点はどのくらいか。

答 引火点は試験器で外部から火を近づけたときの引火する温度，発火点は自然発火する温度である。とくに，引火点は安全面から重油の取扱い上，セットリングタンクの加熱温度の指標として重要な値となる。JISによる規定（JIS K2205）では，1種（A重油）および2種（B重油）については引火点60

℃以上，3種（C重油）については引火点70℃以上とされている。

　流動点とは，油が流動性を持つ最低温度をいう。この温度以下ではポンピングできない。凝固点とは油の流動性がなくなる温度をいう（流動点より2.5℃程度低い）。

〔参考〕船用燃料油は製油過程で粘度調整のために残渣油に蒸留油（軽質軽油，分解軽油）を混ぜて製品とする場合がある。蒸留油の引火点は残渣油と比べ低いので注意する必要がある。ISO 8217（2017）ではRMG，RMK（C重油）の引火点はMin 60℃としている。

C重油のISO規格（ISO 8217（2017））

名称\項目		RMG				RMK		
		180	380	500	700	380	500	700
動粘度（50℃）	cSt(mm^2/s)	Max.180	Max.380	Max.500	Max.700	Max.380	Max.500	Max.700
密度（15℃）	kg/m^3	Max.991.0				Max.1010.0		
CCAI		Max.870						
硫黄分	mass %	制定法（MARPOL）で定められた値						
引火点	℃	Min.60.0						
硫化水素	mg/kg	Max.2.00						
酸価（全酸価）	mgKOH/g	Max.2.5						
全沈殿物	mass %	Max.0.10						
残留炭素分	mass %	Max.18				Max.20		
流動点	℃	Max.30						
水分	vol %	Max.0.50						
灰分	mass %	Max.0.100				Max.0.150		
バナジウム	mg/kg	Max.350				Max.450		
ナトリウム	mg/kg	Max.100						
アルミニウム＋ケイ素	mg/kg	Max.60						

問3 燃料のセタン価およびCCAIとは何か。

答　セタン価とは，燃料の着火性の良否を定量的に表すもので，セタン価が大きい油ほど着火性が良い。CCAI（Calculated Carbon Aromaticity Index）とは，燃料油の比重と粘性から燃料重油の着火性を推定する方法で，CCAIの値が小さいほど着火性が良い。C重油ではCCAIが使用される。

〔参考〕セタン価の基準を定めるのに，着火性のきわめて良いセタン（$C_{16}H_{34}$）と着火性のきわめて悪いアルファメチルナフタリン（$C_{11}H_{10}$）を混合した標準燃料をつくり，標準燃料中の正セタンの容積割合（百

分率）をもってセタン価とする。実際に使用する燃料のセタン価を求めるには，試験機関を使用して着火性を測定し，それと同一の着火性を示す標準燃料を見つけ出せばよい。算式から求める CCAI は IMO の残渣油（C 重油）の性状基準に採用されている。

> **問4** A 重油と C 重油の性状の違いを，密度，粘度，発熱量について述べよ。

答 A 重油と C 重油の性状の違いを代表値を使用して次に記す。

		A 重油	C 重油
①	密度 kg/m³ at 15℃	870	990
②	粘度 cSt at 50℃	5～10	380
③	低位発熱量 kJ/kg	42,300（10,100 kcal/kg）	40,600（9,700 kcal/kg）

他の性状としては，C 重油は A 重油に比べ，④引火点が高く，⑤流動点が高く，⑥残留炭素分が多く，⑦硫黄分が多く，⑧アスファルテンスラッジが多く，⑨一般に水分が多い。

> **問5** 燃料の高位発熱量と低位発熱量の違いについて述べよ。

答 燃料の発熱量は，単位量の燃料が完全燃焼したとき発生する熱量である。燃料中には水素と酸素または水分を含む。燃料中の水素は酸素と反応し水になるが，水は液体から水蒸気になるときには蒸発潜熱を奪い，逆に蒸気から液体になるときには蒸発潜熱を放出する。

　高位発熱量とは熱量計で計測された値で，燃料 1 kg を完全燃焼させてその燃焼ガスを常温まで冷却したときに発生する全熱量をいう。低位発熱量とは，高位発熱量から燃料が燃焼して生じた水蒸気の蒸発熱（2.445 MJ/kg）を減じたものである。

　一般に低位発熱量は A 重油で 42.7 MJ/kg（10,200 kcal/kg），C 重油で 40.6 MJ/kg（9,700 kcal/kg）程度である。

問6 ディーゼル燃料油として要求される事項は何か。

答
① 始動性が良い。
② 燃焼性が良い。
③ 不純物（残留炭素分や夾雑物，硫黄分，灰分など）が少ない。

〔参考〕C重油の成分：炭素 86〜88％，水素 11〜13％，硫黄 0.1〜3.5％，窒素 0.01〜0.1％，灰分 0.2％以下，酸素，水分

問7 船用機関に悪影響を及ぼす重油中の不純物と主な障害を述べよ。

答 主な不純物には，残留炭素分，水分，硫黄分，灰分などがある。
① 残留炭素分（油中の揮発成分の燃焼後に残った固形炭素分）：噴射不良，不完全燃焼，ノズル口にカーボンの付着，燃料消費量の増加，ピストンリングの固着，ライナの摩耗，燃焼ガス中の煤塵の増加
② 水分：ミスファイア，熱効率低下，低温腐食，ウエットスラッジの発生助長，FCC触媒との親和助長
③ 硫黄：ピストンリング，シリンダライナの摩耗，低温腐食
④ 灰分（油中の不燃性物質で主成分は泥分，塵埃，マグネシウム，カルシウム，バナジウム，ナトリウム，銅，マンガン，アルミナ，シリカなど）：リング，ライナ，FOポンプの摩耗，バナジウムアタック
⑤ アルミナシリカ：リング，ライナ，FOポンプの摩耗，ポンプなどのスティック
⑥ バナジウム，ナトリウム：高温腐食による排気弁吹抜け，触火面焼損
⑦ アスファルテンスラッジ（油中の高粘ちょう物質）：燃焼不良，スラッジによる摩耗，ポンプなどのスティック

問8 燃料の加熱温度は何によって決定するか。

答 燃料には燃焼に適する粘度範囲があり,たとえばディーゼル機関では,機種や型式に応じた適正粘度範囲が定められている。船舶では燃料として低質重油を使用する場合,常温における粘度が高いため,加熱して粘度を下げる必要がある。

　加熱温度の値は一般に温度-粘度線図から読み取って決定される。適正粘度は各社により相違するが,主機関入口で 14 cSt (at 50 ℃)が要求されれば,380 cSt の燃料油では約 130 ℃の加熱温度が必要である。

　燃料が低質化してくると,加熱温度もそれに伴って上昇させる必要があるが,加熱温度を高くするとベーパロックや燃料自体の熱安定性,引火点との関連が問題となるため,加熱の上限を定める。

問9　FCC 油とは何か。また,使用する場合に注意すべきことは何か。

答　FCC (Fluid Catalytic Cracking) とは流動接触分解法のことで,流動接触分解装置で重質軽油からガスやガソリン分(分解ガソリン)を取り出し,その残渣油(分解軽油)を重油の調合装置に入れる。この残渣油を FCC 油と呼んでいる。FCC 油は分解過程で用いる FCC 触媒であるアルミナシリカ(10〜100 μm)が残留している場合がある。これは強い研磨性を持っているため,機関に使用する際には燃料噴射系やシリンダライナ摺動面に害を及ぼす。したがって,FCC 油の使用に際しては,油中の FCC 触媒の粒径や含有量をあらかじめ知っておく必要がある。

〔参考〕除去方法:デカンタ,清浄機,ファインフィルタで除去。清浄機の並列運転や流量低減運転により対処する。

問10　燃料油中の不純物を取り除く処理方法にはどのようなものがあるか。

答　燃料油中の水分や固形分を除去するために行う前処理は次のような方法がある。

① 静置法（沈殿分離）：ストレージタンク，セットリングタンク，サービスタンクなどに油を静置し，重力の作用により密度の大きい物質，水や泥などを沈殿させる。この作用を促進するため加熱する。
② 遠心分離法：遠心力により密度差を利用して不純物を取り除く。清浄機，清澄機，デカンタがある。
③ 濾過法：銅線や黄銅線で編んだゴーズワイヤ（金網），繊維などを用いて不純物を除去する。
④ 粉砕法：他の処理で除去しきれなかった水分や固形分を粉砕し微細化する。ホモジナイザなどがある。

問11 燃料油の積込み時の準備作業を述べよ。

答
① 貯蔵タンクの残油，温度を計測する。
② 積込みホースや弁・管に異常がないか点検する。
　（バージ側：本船側とのカップリング継手を準備）
③ オイルフェンスを確認し，甲板のスカッパーを塞ぐ。
④ 業者からの性状表を確認する。
⑤ トリムに注意して船が傾斜しないように積み込む。
⑥ 適時，タンク温度と量を計測する。（オーバフローに注意）
⑦ 補油計画に沿って積み込む。（最終補油サウンディング位置を予測し，計画に沿ってタンクを切替える）
⑧ できる限り残油と混合しないように計画する。
⑨ 補油終了後エアブロー時はパイプの揺れに注意する。
⑩ 最終サウンディング後，温度換算し，実際補油量と契約補油量の誤差を知る。

〔参考〕燃料の混合安定性：2種類以上の燃料油を混合して用いる場合の安定性を混合安定性という。たとえば，A重油とC重油を混合する場合，両者の親和性が悪いと極端に多くのスラッジを生じる場合がある。これは，油中のアスファルテンの安定性がくずれるために起きるものであるが，直留留出重油と分解留出重油の混合時に顕著に見られる。こ

のようなスラッジの発生は，両油の親和性のほかに混合割合によっても違ってくる。したがって，2種類の燃料油を混合して用いるときには混合する油の選択および混合比率を慎重に検討しておく必要がある。

問12 高温腐食について説明せよ。

答 機関の排気弁やピストン頂部のような金属表面が600℃程度の高温に達する高温部伝熱面に，重油の灰分に含まれるバナジウム（V）が燃焼して溶融付着し，金属の保護皮膜を破り腐食される現象をいう。排気弁吹抜け，触火面焼損の原因となる。また，主ボイラでは過熱器の高温部や固定金具に発生する。

〔参考〕燃料中のバナジウムが燃焼により五酸化バナジウム（V_2O_5）となり伝熱面に付着する溶融温度は670℃程度で，ここにナトリウムが加わるとその溶融温度は535℃まで低下する。

問13 潤滑油はどのような役割を果たしているか。

答
① 減摩作用：摩擦を軽減する作用。
② 冷却作用：軸受やピストン内を流れる潤滑油は，発生した熱を取り去る。
③ 清浄分散作用：熱による生成炭化物を軟化，および不純物のデポジット（堆積物）を洗い流す。
④ 気密（密封）作用：油膜を形成し，圧力の高いガスを外部に逃がさない作用を行う。ピストンリングとシリンダライナの摺動部の潤滑油に見られる。
⑤ 防食作用：金属表面の腐食を防止する。
⑥ 応力分散

問14 潤滑油の温度管理が必要な理由を述べよ。

答 潤滑油は温度によって粘度が変化するため温度管理が必要となる。低温の場合には粘度が高くなり，潤滑部の摩擦損失が大きくなるとともに油膜が切れやすくなる。高温の場合には粘度が低下し，油膜形成が十分に行われなくなり潤滑が不完全になるとともに，潤滑油が劣化しやすい。また，軸受に使用されているホワイトメタルは高温において疲労強度が低下する。したがって，適当な潤滑油の温度を保つ温度管理が必要である。

問15 潤滑油の粘度指数および油性とは何か。

答 潤滑油の粘度は温度によって変化する。そして，この温度による粘度変化の度合いを定量的に表すのが粘度指数である。潤滑油の粘度指数は特定の標準油との比較によって決定される。粘度指数の値が大きい油ほど温度変化に対して粘度の変化が少なく，粘度特性が優れていることを意味する。

油性とは，油の有する性質で，潤滑油の特性を示す工学用語である。粘性による摩擦を除いた，摩擦を支配する因子である。

問16 機関のシステム油に必要な性質を述べよ。

答
① 適正な粘度。
② 温度による粘度変化が少ない（粘度指数が大きい）。
③ 引火点が高い。
④ 中性で使用中に変質しにくい。
⑤ 残留炭素，灰分などの不純物が混入していない。
⑥ 発生熱を吸収し，熱伝導がよい。
⑦ 耐熱・耐圧性であること。

問17 機関のシステム油の役割を述べよ。

答 ① 減摩作用　③ 密封作用
　　② 冷却作用　④ 清浄作用

問18 機関のシリンダ油に必要な性質を述べよ。

答　シリンダ油は，リングおよびライナの摺動面における潤滑と清浄，燃焼室のシール作用を行うが，使用条件が苛酷であるため次のような性質がとくに要求される。
① 酸中和性が高いこと（アルカリ価（TBN）が適当である）。
② 粘度指数が大きいこと（高温下でも必要な粘度を有する）。
③ 熱安定性および酸化安定性に優れ，変質しにくいこと。
④ 清浄分散性に優れること。
⑤ 燃焼生成物が少ないこと。
⑥ 摩耗防止性に優れること。

問19 システム油（外部油）とシリンダ油（内部油）の違いについて説明せよ。

答　大型の内燃機関においては，シリンダライナとピストンリング摺動面に供給する潤滑油と，機関の軸受や歯車の潤滑や冷却用に供給する潤滑油とでは，系統を別にしている。前者をシリンダ油（内部油），後者をシステム油（外部油）と呼んで区別している。

問20 潤滑油の性状を改善するために用いられる添加剤にはどのようなものがあるか。

答 ① 酸化防止剤　　　④ 極圧添加剤
　　② 清浄分散剤　　　⑤ 泡立ち防止剤
　　③ 粘度指数向上剤　⑥ 流動点降下剤

問21 主機に使用される LO の種類について述べよ。

答 潤滑油は添加剤の有無,種類によって4種類に分類される。
① レギュラータイプ(添加剤を含まない純鉱油)
② プレミアムタイプ(酸化防止剤を添加)
③ ヘビーデューティタイプ(酸化防止剤,清浄分散剤,防錆剤などを添加)
④ スーパーヘビーデューティタイプ(清浄分散剤,アルカリ添加剤などを添加)

　レギュラー,プレミアムタイプ(TBN 10 以下)はクロスヘッド機関のシステム油に用いられ,ヘビーデューティタイプ(TBN 10〜40)はトランクピストン機関のシステム油として,スーパーヘビーデューティタイプ(TBN 40〜80)はクロスヘッドタイプ機関のシリンダ油として用いられる。

問22 システム油の劣化を簡単に調べる方法を説明せよ。

答 システム油の劣化は,使用中の酸化や熱分解および水分,燃料,カーボンその他の異物が混入することによって生じる。劣化程度を簡単に調べる方法としては次のような方法がある。
① 新油との粘度の比較：粘度測定には種々の簡易粘度計(たとえば落球式や気泡式など)を用いる。
② スポットテスト：ろ紙に試料油を一滴落として,拡散後の模様を見本と比較する方法で,水分や固形分の判定ができる。
③ アルカリ価の測定：油の酸化によって新油のときのアルカリ価よりも低下するから,これを測定して酸化の程度を知る。測定には特定の試薬や指示薬を用いる。

〔参考〕船舶会社による使用限度(取り替え)の例
　　　　① 引火点：10％低下
　　　　② 粘度：±60％
　　　　③ 水分：0.5％

④ 全酸価（mgKOH/g）：
レギュラーおよびプレミアムタイプで 2.0 以上
ヘビーデューティタイプで 4.5 以上
⑤ アルカリ価（mgKOH/g）：10〜15％以下

問23 LO の劣化防止法を述べよ。

答 ① LO 清浄機の使用
② フィルタリング
③ LO サンプタンクの側流清浄

問24 潤滑油の分析項目にはどのようなものがあるか。

答 ① 引火点　　④ 流動点　　⑦ 全塩基価
② 動粘度　　⑤ 色　　　　⑧ 水分
③ 粘度指数　⑥ 全酸価　　⑨ 硫酸灰分

問25 船内で使用される潤滑油にはどのようなものがあるか。

答 ① システム油　　⑤ 軸受油，マシン油
② シリンダ油　　⑥ ギヤ油
③ 冷凍機油　　　⑦ グリース
④ タービン油

6 プロペラ装置

> **問1** 中間軸受の給油方法について説明せよ。

答 ① 自己給油式：中間軸が回転すると，軸に掛けばめたオイルリングや軸に取り付けた円盤（オイルカラー）により中間軸受下部の油だめの油をかき上げて給油を行う。
② 強制給油式：主機または減速機の潤滑油系統から分岐した油を用いて，軸受に外部から給油を行う。回転数による影響がなく，低回転でも十分な給油量を確保できる利点がある。

> **問2** 中間軸受は運転中どのような点検を行うか。

答 ① 触手により発熱の有無を確かめる。
② オイルリング式ではオイルリングの回転を確かめる。
③ 油だめの油量を確認する。
④ 各部からの漏洩の有無を確かめる。
⑤ 冷却水が十分に供給されているか確かめる。

> **問3** ディーゼル機関のスラスト軸受が摩耗するとどのような影響があるか。

答 ① クランクアームとクランクピンメタルや主軸受との摩擦が大きくなり，熱を持つ。
② ピストンがわずかに傾斜するため，シリンダライナとの摩耗が増加する。
③ コネクティングロッドのミスアライメントにより，ピストンピン軸受やクランクピン軸受の温度が上昇する。

④ クランクシャフトの先端に主機駆動の補機を備えている場合は,それらの補機に損傷を与える。
⑤ クランクデフレクションが増加する。

問4 プロペラ軸のプロペラ取付け部はどのような構造になっているか。

答 ① 固定ピッチプロペラ:プロペラ軸の取付け部はテーパになっていて,コーンパートと呼ばれている。このコーンパートにプロペラのボスを油圧により押し込んだ後,ナットで締め付けている。プロペラ軸の回転力をプロペラに伝えるのにキーを用いる場合と,キーを使用せずに摩擦力のみで力を伝達するキーレスの場合がある。ただし,キーによる場合も摩擦力によって大半の力を伝達している。
② 可変ピッチプロペラ:可変ピッチプロペラの場合は,固定ピッチプロペラと同様の構造としているものと,プロペラ軸の端部がフランジになっておりボルトによりプロペラをプロペラ軸に固定する構造の船舶がある。

問5 キーレスプロペラの特徴を述べよ。

答 ① キーやキー溝の設計が不要となる。またキー溝がないため応力集中がなくなり安全率の向上がはかれる。
② キー部の加工や摺合わせの工程が不要となる。
③ プロペラとプロペラ軸の摺合わせを簡略化できる。
④ ボス内面に油溝を設けることにより,押込みあるいは引抜き作業が容易となる。
⑤ キー溝がないので,切欠きに起因する損傷を回避できる。
⑥ 押込み量が大きいため,プロペラ軸のフレッティングコロージョンを防止できる。

問6 海水潤滑式船尾管のプロペラ軸に装備されているスリーブの役目を説明せよ。

答 ① 海水による腐食から軸身を保護する。
② 軸受やパッキンと接触する部分に発生する摩耗から軸身を保護する。

問7 プロペラ軸コーンパート部の防食方法を述べよ。

答 ① 船首側はパッキン（Oリング）により海水の浸入を防止する。
② 船尾側はキャップを装着し，その内部にグリースを入れる。

問8 プロペラ軸に発生する損傷である，クロスマークおよびフレッティングコロージョンについて説明せよ。

答 ① クロスマーク：プロペラ軸スリーブの両端付近や船尾管グランド付近の海水により腐食されやすい部分に，軸系のねじり繰返し応力が作用して生じる小さな十字形のき裂である。ディーゼル船に多く発生していて，軸中心に対して約45°の方向をなす。
② フレッティングコロージョン：プロペラ軸コーンパート大端部の軸方向に多数発生する，小さなはく離状の侵食傷である。これはコーンパートの当たりが悪く，一回転中に軸とボスとのはめ合い部に振幅の小さい摩擦が繰り返されることによって発生する。

問9 船尾管の軸受材としてどのような材料が使用されているか。

答 ① 海水潤滑式船尾管の軸受材としては，主として合成ゴムが使用されている。
② 油潤滑式の船尾管の軸受材としては，主としてホワイトメタルが使用されている（隻数は少ないが，合成樹脂やローラベアリングも使用され

6 プロペラ装置

ている)。

問10 海水潤滑式船尾管の密封装置について説明せよ。

答
① グランドパッキン方式：一般に小型船で用いられている。
② 端面シール方式：一種のメカニカルシール装置で，グランドパッキン方式で発生するスリーブとグランドパッキンによる接触摺動による摩耗を防止するために開発された方式であり，海水の密封は回転リングと固定リングの接触端面で行う。また，非常用シールを備えており，圧縮空気を供給することによりシールを膨張させて，海水の浸入を防ぐことができ，アフロートの状態で保守整備が可能である。

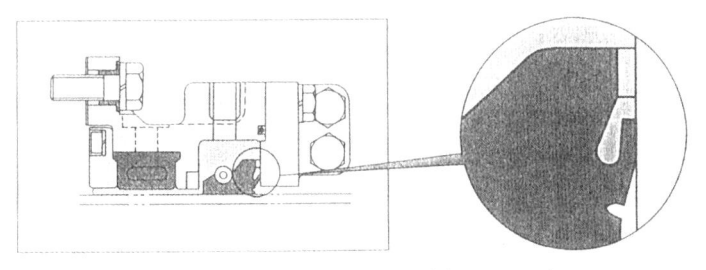

端面シール（イーグル工業株式会社 EVK Ⅱ R）

問11 油潤滑式船尾管装置の密封装置の種類について述べよ。

答
① 一般にリップシールが採用されている。
② 海洋汚染を防止するため，エアシール型が採用されている。（圧縮空気を海水側と船尾管潤滑油側の中間に供給して海水と潤滑油を分離し，もしリップシールが損傷して海水が浸入したり潤滑油が漏えいした場合はドレンとして回収して船外への潤滑油の漏えいを防止する）

問12 油潤滑式船尾管は海水潤滑式の船尾管と比較してどのような利点があるか。

答 ① 許容面圧が大きいので，大型船の軸系を支持することができるとともに，軸受長さを短くできる。
② 摩耗しにくく，長期間にわたって安定した状態で使用できる。
③ 軸受のすきまが小さく，振動が小さい。
④ 寿命が長く，検査間隔を延長できるため保守費が安い。

問13 油潤滑式船尾管のシール装置に使用されているリップシール方式の場合，シールリングの番号およびシールリングの役目について説明せよ。

答 (1) シールリングの番号：船尾側から順番に番号をつけている。したがって，基本的には，後部シールが No.1，No.2，No.3 となり，前部シールは No.4，No.5 となる。
(2) シールリングの役目
① 後部シール（船尾側シール）
No.1 は海水の浸入を防止するとともに異物の侵入も防止する。
No.2 は海水の浸入を防止する。
No.3 は船尾管内の潤滑油が船外に漏洩するのを防止する。
② 前部シール（船首側シール）：船尾管内の潤滑油が船内に漏洩するのを防止する。

問14 油潤滑式船尾管装置の潤滑油系統において，高位・低位の重力タンクを設けるのはなぜか。

答 油潤滑式船尾管の潤滑油系統の圧力は，海水圧力より 20〜30kPa 高くなるように調整するため，重力タンク方式では重力タンクの位置を喫水より 3m 程度高くしている。しかし，喫水が満載時と空船状態で大きく変化する船では，満載時に喫水より 3m 程度高い位置に重力タンクを設けた場合，空船では重力タンクと喫水の差が大きくなる。そのため，海水と潤滑油の圧力差が大きくなり過ぎるので，潤滑油の圧力を低くしなければならない。重力

タンク方式において圧力を低くするには，低位置に別の重力タンクを設けなければならない。したがって喫水変化の大きい船では高位・低位の重力タンクを設ける。

問15 油潤滑式船尾管の軸受に供給する潤滑油系統において潤滑油タンクの油量が増加した場合，どのような原因が考えられるか。

答 ① 他のタンクより油が漏れ込んでいる。
② 海水の浸入（シール部のライナおよびシールリングの不良）
③ 清水の浸入（冷却用タンクからの漏洩）

問16 油潤滑式船尾管装置の前部シールが発熱する場合，どのような原因が考えられるか。

答 ① 前部ライナ取付け不良のため，リップに過大な圧力がかかっている。
② 潤滑油の循環が不良か，潤滑油系統に異常がある。
③ 潤滑油が劣化している。
④ 潤滑油量が不足している。

問17 プロペラの材料には，主としてどのようなものが使用されているか。

答 ① 高力黄銅：耐食性に優れ，鋳造が容易だが，翼面が侵食されやすいので，主に小形のプロペラに使用される。銅と亜鉛が主成分であるため，脱亜鉛現象を生じる。
② アルミニウム青銅：高力黄銅より腐食疲労強度が大きく，比重が小さいため，プロペラの重量を軽減できる。また，硬度が高くキャビテーションによって侵食されにくいので大形のプロペラに使用される。銅とアルミニウムとニッケルあるいはマンガンが主成分である。

問18 可変ピッチプロペラについて，固定ピッチのプロペラと比較してどのような利点および欠点があるか述べよ。

答 ＜利点＞
① 逆転装置が不要となる。
② 定格出力を有効に利用できる。
③ 後進出力を十分に利用できる。
④ ブリッジからの遠隔操作が可能である。
⑤ 船体停止所要時間（距離）が短くなる。
⑥ 主機関の微出力運転が可能である。
⑦ 危険回転数を容易に回避できる。
⑧ 起動回数が少ないため始動弁や安全弁の保守費が低減する。
⑨ 試運転の時間が長くとれ，十分に点検できる。

＜欠点＞
① ボス部に変節機構を組み込むため，構造が複雑になり製作費も高くなる。
② ボス部が大きくなり，ボス直径の増加やボス形状の不適により効率が低下する。
③ 入渠時の軸抜出し工事などの保守費が高くなる。
④ 後進時，半径方向のピッチの変化が激しすぎて効率が低下する。
⑤ プロペラ重量が増加するため，船尾管軸受の摩耗量が多い。

問19 可変ピッチプロペラの油圧装置が故障して翼角の変化が不可能になった場合，どのような処置を行うか。

答 固定ピッチプロペラとして使用できるように，翼角を手動で固定できる装置により，前進最大翼角または前進側の一定翼角に固定する。一般に，後進側では固定できない。

〔参考〕固定の方法
① 変節油圧が零になるとプロペラキャップに内蔵されたバネによっ

て自動的に翼角が最大位置に移動する。
② 中間軸に設けられたピッチ固定用油圧ピストンへ、ハンドポンプにより油を送り、サーボピストンを前進最大位置に固定する。
③ ハンドポンプでサーボピストンを動かして翼角を前進位置まで移動させ、ピンで固定する。
④ 翼角固定ボルトでサーボピストンを締め上げて固定する。

問20 プロペラ翼断面の形状を描き、それぞれの特徴を説明せよ。

答 ① オジバル型（円弧型、弓型）：キャビテーションや空気吸込現象の防止に有効な形状であるが、やや効率が悪い。
② エーロフォイル型（飛行機翼型）：効率の点で優れた形状であるが、キャビテーションが発生しやすい。

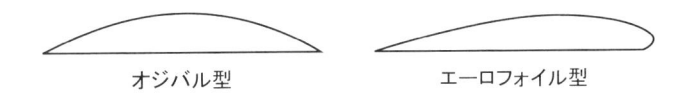

オジバル型　　　エーロフォイル型

問21 ハイスキュープロペラの特徴を述べよ。

答 ① 船体の振動や騒音が小さくなる。
② スキュー角（またはスキューバック）が大きい。
③ 翼面の一部に過大な応力が発生する。
④ 前進性能には変化がないが、後進性能が若干悪くなる。

問22 プロペラの羽根が曲がった場合、どのような処置をするか。

答 ① 先端の軽微な曲がりは、常温または200℃程度に熱し、片手ハンマでたたきながら当て金で受けて、なめらかに元の形に戻す。
② 大きな曲がりは、600～700℃程度に予熱し、油圧ジャッキを用いて曲がりを戻す。翼端部は片手ハンマで平らに仕上げる。

③　根元に及ぶ曲がりや，ピッチに大きな狂いを生じるなどの許容限度を超えた曲がりの場合は，プロペラを換装する。

問23　プロペラの鳴音はどのような現象か。また，発生の原因は何か。

答　＜現象＞
　プロペラがある回転数で作動しているとき，"ワーン，ワーン"とか"キーン，キーン"という音を発する現象のことである。
＜原因＞
　プロペラ翼の後縁から発生するカルマン渦列の毎秒の周波数が，プロペラ羽根後縁の自然振動数（固有振動数）の近くになると，共鳴現象によって鳴音が発生する。

問24　プロペラに発生する損傷の種類とその原因について述べよ。

答　①　羽根の曲がり：海面の浮遊物や異物との接触，強度不足，キャビテーションなど
②　羽根およびボスのき裂：翼面に作用する曲げ応力，製造時の欠陥，熱応力など
③　羽根の折損：き裂の進展，異物との接触など
④　羽根の欠損：キャビテーションによる侵食，海面の浮遊物や異物との接触など
⑤　翼面の侵食：キャビテーション
⑥　腐食：化学的腐食，電気化学的腐食

問25　プロペラのスリップにはどのようなものがあるか。

答　プロペラのスリップには見掛けのスリップと真のスリップがある。
①　見掛けのスリップ：プロペラの回転により理論的に進むべき距離（プロ

ペラスピード）と実際に進む船速の差のことである。次式で示す見掛けのスリップ比を普通，スリップと呼んでいる。

$$見掛けのスリップ = (P \cdot N \cdot 60/1852) - V （ノット）$$

P：プロペラピッチ（m）
N：プロペラ回転数（rpm）
V：船速（マイル）（1マイル＝1852m）

$$見掛けのスリップ比(\%) = \frac{(P \cdot N \cdot 60/1852) - V}{(P \cdot N \cdot 60/1852)} \times 100$$

② 真のスリップ：伴流を考慮に入れたスリップを真のスリップという。上式の船速 V の代わりにプロペラの水に対する相対速度 V_a を代入する。

$$V_a = (1-w)V$$

w：伴流係数

7　補機

問1　冷凍装置における主構成要素の役割を説明し，冷媒の通過する順序をモリエル線図（p–h 線図）で説明せよ。

答　① 圧縮機：冷媒ガスを冷却することによって液化しうる圧力までほぼ断熱的に圧縮し，凝縮器へ送り出す。
② 凝縮器：高温高圧の冷媒ガスを冷却水により冷却し，一定温度のもとに凝縮変化させる。
③ 膨張弁：絞り作用によって液状冷媒の圧力と温度を低下させると同時に，蒸発器に適正な冷媒量を供給するための調節作用をする。
（電磁弁：膨張弁前に位置し，蒸発器温度が設定値以下で，または霜取り前に閉じる）
④ 蒸発器：冷却管内で一定温度のもとに液冷媒を蒸発させ，必要な蒸発潜熱を周囲から奪って冷却する。
冷媒の通過順序：圧縮機（1⇒2）→凝縮器（2⇒3）→膨張弁（3⇒4）→蒸発器（4⇒1）

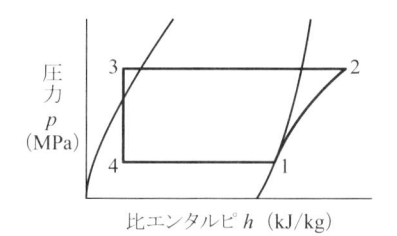

モリエル線図（p–h 線図）

〔参考〕関連問題
① リキッドバックを起こしたときにモリエル線図はどのように変化するか。

7　補機

② 使用冷媒 R-22 における蒸発温度 −15℃，凝縮温度 30℃，膨張弁前温度 25℃，圧縮機入口温度 −10℃ の冷凍サイクルをモリエル線図上に書き込みなさい。

> **問2**　冷凍装置に使用される冷媒の種類をあげ，それらの特徴を説明せよ。

答
- 主として R-404A が使用されている。

　代替フロン（HFC）の R-404A は R-22 の代替冷媒として開発された R-125，R-134a，R-143a の 3 成分からなる擬似共沸混合冷媒で，ショーケース，冷凍倉庫，保冷車用の冷媒として使用されている。

　特定フロン（HCFC）である R-22 は 2020 年 1 月に生産と輸入が全廃された。

　オゾン層の破壊を防止するため 特定フロン（HCFC）の代わりとして導入してきたのが代替フロン（HFC）であるが，温室効果が高く，地球温暖化に影響を及ぼしていることから，HFC の排出削減が 2009 年以降課題となった。

　2016 年にはモントリオール議定書が改正（キガリ改正）され，代替フロン（HFC）も規制対象となった。2019 年 1 月より規制が始まり，2029 年には HFC の 70％削減が予定されている。

- R-404A の特徴
  ① 低温冷凍が可能（−60℃位まで）。
  ② オゾン層破壊係数はゼロで R-22 より優れているが，温暖化係数（GWP）は R-22 の約 3 倍程度と大きい。

> **問3**　冷凍装置における安全装置を説明せよ。

答
① 圧力に対しての安全装置：高圧遮断装置，安全弁，高低圧スイッチ，無水圧スイッチ
② 温度に対しての安全装置：可溶栓
③ 潤滑油に対しての安全装置：油圧保護装置

問4 冷凍装置に空気が混入したとき，どのような現象となるか。また，空気の排除方法を説明せよ。

答 ＜空気が混入したときの現象＞
① 圧縮機の送出し圧力が凝縮圧力よりも高くなる。
② 圧縮機の吐出ガス温度が高くなりすぎる。
③ 高圧圧力計の指針の振れが大きくなる。
④ 圧縮機の消費電力が増加する。
⑤ 冷凍能力が低下する。

＜空気の排除方法＞
① 冷凍装置をポンプダウンする。
② 凝縮器に冷却水を通し続ける（凝縮器の冷却水出入口の温度差がなくなるまで）。
③ 凝縮器上部の空気抜き弁を静かに開き，圧力計の指度が凝縮圧力に等しくなるまで排除する。

問5 冷凍装置における漏洩ガスの検知方法を説明せよ。

答 ① 石鹸水を用いて気泡発生の有無により検知する。
② この冷媒は潤滑油とよく溶け合うので，各接合部でにじんでいる箇所は疑ってみる。
③ ハライドトーチ式検知器を使用する。炎が鮮やかな緑色に変わると微量の漏洩を示し，鮮やかな青色に変わると多量の漏洩を表す。
④ フロンガス検知器を使用する。ガスが接触する金属酸化物半導体の電気抵抗値が変化することで利用するもので，ガスによって吸収される赤外線の量を測定することで漏洩量を量る。

問6 冷凍装置において，圧縮機が連続運転し，停止までの時間が長い場合の原因をあげよ。

7　補機

|答| ①　冷媒が不足している。
　　②　送出し弁および吸込み弁の漏れがある。
　　③　電磁弁が確実に閉じない。
　　④　ピストンリングからガスが漏れている。

問7　冷凍装置の圧縮機の低圧スイッチ，高圧スイッチが働く要因を述べよ。

|答|　＜低圧スイッチ作動要因：吸入圧力が低すぎる場合＞
　　①　冷媒量が不足している。
　　②　吸入側のガスストレーナが詰まっている。
　　③　膨張弁の開度が不足している。
　　④　蒸発器の冷却面に氷がつき，伝熱効果が低下している。
　　＜高圧スイッチ作動要因：吐出圧力が高すぎる場合＞
　　①　空気が装置中に混入している。
　　②　冷却水温度が高いか，水量が不足している。
　　③　凝縮器の冷却管が汚れている。
　　④　冷媒の封入量が多すぎる。

問8　渦巻きポンプのマウスリングはどのような役目をしているか。

|答|　インペラから出た高圧水がインペラの吸込口とケーシングの間から吸込側に逆流する。これを防ぐために吸込口とケーシングの間にマウスリングを入れ，この逆流を防止する。マウスリングが摩滅すると吐出圧が低下する。

問9　渦巻きポンプを始動するとき呼び水を行うのはなぜか。

答 渦巻きポンプは羽根車の回転によって生ずる遠心力によって送水するものである。したがって，ケーシング内が空気で満たされているときは，空気の比重量が水の約 1/800 のため，真空が作りづらいので，吸込み側の水を吸引することができない。このためケーシング内の空気を完全に排除するために呼び水を行う。

問10 渦巻きポンプの起動方法および流量調整方法を説明せよ。

答 ＜起動方法＞
① ポンプの各部点検，ターニングにより，異常のないことを確かめる。
② 必要であれば呼び水を行う。
③ 吸入弁を全開，吐出弁を全閉のまま起動する。
④ 吐出側圧力計を見ながら吐出弁を徐々に開き給水する。

＜流量調整方法＞
　渦巻きポンプの流量調整は，吐出弁の開度の増減ならびに回転数の変化による方法がある。吐出弁による流量調整は簡単に行えるが，動力損失が大きい。回転数による方法は，動力損失は小さいが原動機の回転数制御が必要であり，複雑である。

問11 ボリュートポンプ，渦室を有する渦巻きポンプ，タービンポンプの違いを説明せよ。

答 渦巻きポンプはボリュートポンプ，渦室を有する渦巻きポンプ，タービンポンプの3形態に分類できる。ボリュートポンプは羽根車外周に渦形室を有し，渦室を有する渦巻きポンプは羽根車外周に渦室＋渦形室を有し，タービンポンプは羽根車外周に案内羽根＋渦形室を有する。なお，渦室，渦形室，案内羽根は渦巻きポンプの羽根車から出た水の保有する速度水頭（速度エネルギ）の一部を圧力水頭（圧力エネルギ）に変換するために設けられる。流速が大きすぎると流力損失が大きくなりすぎるためである。性能的には，タービンポンプは高揚程で比較的低流量，またボリュートポンプは低揚程で比較的流量を大きくとれる。ポンプ効率はボリュートポンプの方が比較的良い。

7 補機

問12 メカニカルシールとグランドパッキンの特徴を比較せよ。

答

	メカニカルシール	グランドパッキン
漏洩量	極小にできる	ある程度の漏れは必要
軸・スリーブの摩耗	損傷はない	直接摺動するため，摩耗する
構造	精密で部品が多く複雑	精度が低く簡単
取替え	ポンプの一部，分解が必要	ポンプの分解は不要で簡単
使用限度 (圧力，温度，周速)	適切な材料と設計により広範囲に使用可能	使用条件に限界がある
価格	高価である（ランニングコストは安い）	安価である

問13 プランジャポンプと付属する空気室について説明せよ。

答 プランジャポンプは往復ポンプである。ピストンポンプからの流量は変動が大きいため（脈動流），ポンプ系に激しい衝撃を与え，好ましくない。この衝撃をやわらげ，ポンプからの吐出流量を平均化するために空気室が設けられている。

空気室はポンプの吐出側に設け，ポンプの吐出行程で吐出流量が多いとき，空気室の空気を圧縮して余分な水を室内に流入させ，反対に流量が減ったとき，空気室内の空気の膨張によって室内の水を押し出し，吐出流量をつねに平均化する。ビルジポンプ，甲板機械，操舵装置などに採用されている。

問14 歯車ポンプとIMOポンプの特徴を述べよ。

答 歯車ポンプは2個または3個の歯車を回転させ，歯車溝の移動容積が理論的な送出し量となる。吐出弁，吸入弁がある場合は共に全開しておく必要がある。高粘度から低粘度の液に使用可能で小型にでき，燃料ポンプ，清浄機直結式FO/LOポンプなどに使用される。

IMOポンプは原動機で駆動される主ねじと従ねじ2本の計3本からなる。歯車ポンプのような歯面の損傷がなく、効率も良く寿命も長い。揚液可能粘度の範囲も広く、高速回転が可能なために比較的小型で大容量の液を送れるので、スラッジポンプなどに採用される。

> **問15** ポンプの理論吸込揚程は、吸水面に大気圧力が作用しているとき最大何mになるか。また実際にはどれくらいになるか。

答　理論吸込揚程は大気圧力を101.3kPa（1.033kgf/cm²）とすると10.33mとなる。また、実際には空気の分離、水温に相当する水蒸気圧の作用、空気の吸い込みなどにより70％程度になる。

> **問16** 清浄機が運転中に警報を発する原因は何か。

答　① 異常流出
- 運転中に清浄油が重液側に流出
- 重液側の異常流出検出器の故障
- 調整板の選定の誤り

② 開弁不良
- 弁シリンダが開弁しない
- 高圧作動水が供給されない
- スラッジ排出検知器の故障

その他に
③ 通油温度または通油圧力の異常
④ 作動水、封水系（タンクレベル）の異常
⑤ モータの過電流（回転数や横軸・縦軸歯車の異常）
などがある。

〔参考〕運転中の点検事項
　　　　① 清浄機の通油温度、通油圧力、ポンプ吐出圧、LO油面、漏洩、

7　補機

振動，異音
② 制御盤の表示灯，電流値，タイマの設定時間

問17　ピュリファイアとクラリファイアの相違点は何か。

答　油清浄機は，清浄作用によって清浄機（ピュリファイア）と清澄機（クラリファイア）に分けられる。ピュリファイアは主として水分と固形物（スラッジなど）の除去を目的とし，クラリファイアは固形物の除去を目的とする。
　なお，運転取扱い面では，セルフジェクタ清浄機をピュリファイアとして使用するときは処理油供給前に封水を入れるが，クラリファイアとして使用するときには封水は入れないので，調節板を盲板に換える。

〔参考〕作動水と封水：セルフジェクタ清浄機は回転体の側面と下部にスラッジ排出のための機構が施される。作動水はこのスラッジ排出機構を作動させるのに用いられる。封水は，セルフジェクタ清浄機をピュリファイアとして使用するとき，初めに処理油（軽液）の供給に備え，回転体内を水（重液）で満たし，封水する必要がある。また運転中に効果的にスラッジを取り除くために，スラッジと処理油（軽液）との間に重液として位置し，分離境界面を作成している。

問18　清浄油の密度が変化した場合には清浄機の何を調整するか。

答　回転体内の水と油の分離境界線を分離上最適位置に調節するために，処理油の密度により，水の出口側に取り付けられる調節板（リングダム）を取り換える必要がある。密度によりリングダムのサイズを変え，最終的に処理油の流量を変えている。

問19　造水装置において，蒸留水が高塩分になった場合，その水はどうなるか。

答 蒸留水に含まれる塩分濃度が10ppm以上になったとき，サリノメータが感知して警報を発するとともに三方電磁弁が作動し，自動的にこの蒸留水をビルジに排出するものと，もう一度蒸発器内に戻す方式がある。

問20 真空式造水器の利点は何か。またどのような装置で真空を作るか。

答 (1) 真空式造水器の利点
① 器内の蒸発温度が低く，主機のジャケット冷却水などの温度の低い熱源を利用できる。
② 大気圧式に比べてスケールの付着が少なく，付着したスケールは軟質である。
③ 使用材料が少なく，軽量化できる。
(2) 真空にするための装置：真空にするための装置として
① 抽気エゼクタ
② 真空ポンプ
などがある。

問21 油圧ウインドラスは使用に備えて何を点検するか。

答 ① 油圧タンクの油量
② 各種安全装置の作動
③ 警報装置の作動

問22 操舵装置に必要とされる条件は何か。

答 ① 船の回頭に十分な能力があること。
② 十分な強度と確実な動作が必要で，海象，気象，温度などが機能に影響しないこと。
③ 操作が簡単で，点検・手入れが容易であること。

④ 装置の占める容積が小さく，安全性が高いこと。

〔参考〕追従装置の役目：追従装置は，舵装置が操縦装置からの信号を受けて，舵角が所定値になったとき原動機を停止させるため，舵の運動を原動機にフィードバックさせる役目を持つ。

問23 清水や飲料水系統に使用される圧力タンクの役目とポンプの作動について述べよ。

答 圧力タンクの役目は，清水あるいは飲料水を圧縮空気によって船内各部に供給することである。

圧力タンクには清水あるいは飲料水ポンプから供給された水が入っており，これを圧縮空気による圧力で供給する。タンク内の水位の変化を圧力スイッチで検出し，圧力が低下した状態の低水位でポンプを作動させ，圧力が上昇した状態の高水位で停止させる。

問24 空気圧縮機の運転中の点検項目について述べよ。

答 ① クランクケースLO油面，注油器油面
② ドレンバルブの作動状況
③ LP圧，HP圧と自動発停の状態
④ Vベルトの張りと冷却水サイトグラスから通水状態
⑤ 電動機の発熱，管系の漏洩など

問25 海洋生物付着防止装置とはどのようなものか。

答 通常，MGPS（Marine Growth Prevention System）と呼ばれ，海水を電解槽の中で電気分解し，最終的に次亜塩素酸ソーダを多量に含む海水を作る。次亜塩素酸ソーダは塩素と同じく防汚効果があり，この海水を各シーチェストや海水パイプラインに絶えず流すことで，海洋生物の発生を抑制し，付着を防止する。

8 電気・電子

問1 交流回路における有効電力，皮相電力を説明せよ。

答 ① 有効電力：電圧・電流の実効値（電圧計・電流計の値）に力率をかけて求めた電力で，単位はワット（記号：W）である。
② 皮相電力：電圧・電流の実効値の積により求められた電力のことで，単位はボルト・アンペア（記号：VA）である。

問2 インピーダンスとは何か。

答 抵抗，インダクタンスによる誘導リアクタンスおよびキャパシタンス（静電容量）による容量リアクタンスが単独あるいは組み合わさって関係する量で，交流回路における電流に対する制限作用を定量的に表すものである。すなわち，インピーダンス（Z）は交流回路における電圧（V）と電流（I）の比であり，$Z = V/I$ で表され，単位はオームである。

〔参考〕 ① インダクタンス：交流回路において，あるコイルと交わる磁束が時間的に変化すれば，つねに磁束の変化に逆らう方向に起電力が誘起される。一般に誘導起電力はコイルに流れる電流に比例する。この比例定数をインダクタンスと呼び，ヘンリー（H）という単位で表される。

② 誘導リアクタンス：インダクタンスのみの回路に電圧をかけた場合，電圧・電流の実効値を関係づける点では抵抗と同じであるが，物理的性質が異なるので，これを誘導リアクタンスと呼び，単位は抵抗と同じオーム（Ω）である。容量（コンデンサ）の場合は，容量リアクタンスとなる。電流の最大となる時刻は，電圧の最大となる時刻に $\pi/2$ だけ遅れて現れる。

問3　3相交流の定義について説明せよ。

答　周波数は等しいが，位相は異なっている3つの起電力が同時に存在する交流方式を3相方式という。その起電力を3相交流起電力，このときの電流を3相交流という。3相方式のうちで，各々の大きさが等しく，互いに120°ずつの位相差を持ったものを対称3相方式といい，一般に電力用として用いる。

問4　電気回路における力率について説明せよ。

答　直流回路の電力は電圧と電流の積で求められる。
　交流回路では電圧計の値（実効値）と電流計の値（実効値）との積を皮相電力（単位 kVA）と呼ぶ。しかし，実際の交流回路では電圧と電流が時間とともに変化し，それらの間に位相差があるため，負荷が消費する電力（有効電力：単位 kW）は皮相電力の値より一般に小さい。皮相電力に対する有効電力の割合を力率という。
　電圧と電流の位相差を θ，電圧計の値を V（V），電流計の値を I（A）とすると，有効電力は $VI\cos\theta$ になり，力率は次式で表され，80％程度である。

$$力率 = \frac{有効電力}{皮相電力} = \frac{VI\cos\theta}{VI} = \cos\theta$$

問5　発電機の並列運転を行うには，どのような条件が必要か。

答
① 起電力の大きさが等しいこと。
② 起電力の位相が一致していること。
③ 起電力の周波数が等しいこと。
④ 起電力の波形が等しいこと。

問6　発電機を手動で並列運転する場合の手順を述べよ。

答 〔A機が運転状態で，B機と並列運転を行う〕
① B機の原動機を始動し，ガバナモータスイッチを操作してほぼ定格速度にする。
② B機の電圧調整器を操作して起電力を増し，ほぼ定格電圧とする。
③ B機の速度と励磁を加減して，電圧および周波数を母線に一致させる。
④ B機の速度を加減して，同期検定装置によりB機の電圧の位相を母線電圧の位相に合わせる。
⑤ 同期状態になったことを示した瞬間にACB（気中遮断機）を投入する。
⑥ B機の速度および励磁を少し増し，A機の速度および励磁を適当に減じ，負荷をB機に移す。両機の有効電力および力率を調整し，負荷を適当に分担させる。

問7 同期発電機の励磁装置の励磁方式を説明せよ。

答 ① 直流励磁機方式：同期発電機とは別に小容量の直流発電機を励磁機として使用する方式。
② 整流器励磁方式：同期発電機の発生した電力の一部を半導体整流器に用いて整流し，同期発電機の界磁巻線にブラシとスリップリングを介して供給する方式。
③ ブラシなし（ブラシレス）励磁方式：同期発電機の回転子軸端に，回転電気子形同期発電機を直結し，同発電機が発生した交流電圧を回転子軸上に設けた半導体整流器を用いて整流し，同期発電機の界磁巻線に供給する方式。

問8 同期発電機の並列運転において，無効横流の発生する原因は何か。また，発生するとどの計器に表れるか。何を操作して調整するか。

答 ① 原因：周波数および位相が同じで，起電力が異なる場合に発生する（並列運転中の発電機に起電力の差が生じると，内部回路に循環電流が流れ

る。この電流は電力差より90°遅れているため，有効電力を生じないので，無効横流と呼んでいる）。
② 無効横流が表れる計器：力率計（起電力が上昇した側の発電機の力率が低くなる）
③ 調整法：励磁電流を操作して電圧調整する。

問9 並列運転中の同期発電機に発生する乱調とはどのような現象か。また，乱調を起こす理由は何か。

答 並列運転中の交流発電機に急激な負荷変化があり，発電機のどちらかの起電力の位相が進むと，両機間に同期化電流が流れ，進んだ発電機は負荷を増加して減速し，他の発電機は負荷を減じ増速して位相差をなくすようにする。しかし，両機とも回転部の慣性により容易に同期化点に落ち着かず，行き過ぎて立場を逆にし，この現象を繰り返して新速度を中心に振動する。この現象を乱調という。

乱調の原因は，原動機のガバナが敏感な場合，原動機に高調波トルクがある場合，発電機間に大きな抵抗がある場合などである。

問10 発電機用気中遮断器（ACB）の保護装置試験にはどのようなものがあるか。

答 ① 過負荷保護用過電流継電器試験：過負荷に相当する電流を流し，遮断機構が支障なく動作することを確認する。（過電流継電器の設定値を発電機の定格電流の115％に調整し，その調整値の120％の電流を流して20秒間で遮断するのが標準となっている）
② 逆電力または逆電流継電器試験：発電機2台を並列運転し，ガバナまたは電圧調整器の操作により一方の発電機に逆電力（交流発電機の場合）または逆電流（直流発電機の場合）をかけ，設定値において遮断機構が支障なく動作することを確認する。
③ 低電圧引外し試験：低電圧において引外し，遮断機構が支障なく動作す

ることを確認する。(動作値は定格電圧の60～40％が標準となっている)

問11　軸電流について説明せよ。

答　発電機の回転界磁の回転によって，回転軸に不要な磁束が発生し，この磁束によって回転軸の両端に電圧（軸電圧）が発生し，発電機の働きとは関係のない電流が，軸→軸受→軸受台→ベース（台板）→軸受台→軸受→軸の閉回路内を流れる。この電流を軸電流と呼ぶ。

軸電流によって，軸受面の潤滑油油膜が破壊され，軸受が過熱し損傷する可能性がある。したがって，軸受台とベース間に絶縁板を入れて軸電流の流れを遮断する方法がとられている。

問12　同期発電機の同期速度を説明せよ。また，どのような式で表されるか。

答　ある極数の同期発電機では，起電力の周波数と回転子（磁極）の回転数の間には一定の関係があり，一定周波数の起電力を得るには周波数に対応した特定の回転数で運転しなければならない。すなわち，同期発電機の回転速度は発電機の極数と起電力の周波数により決定され，これを同期速度という。

極数P，誘導起電力の周波数f（Hz）の同期発電機の同期速度N_s（rpm）は，次式で表される。

$$N_s = \frac{120f}{P}$$

問13　誘導電動機のすべりについて説明せよ。

答　誘導電動機の回転子は，回転磁界の同期速度（N_s）より低い速度で回転し，発生トルクと負荷トルクが平衡する速度（N）で回転を続ける。

すべり（s）とは同期速度（N_s）に対する同期速度と電動機回転子の速度差（$N_s - N$）の割合で，静止中では$s = 1$（100％），同期速度では$s = 0$，運

転時は3〜8％程度である。

$$s = \frac{N_s - N}{N_s} \times 100 \,(\%)$$

また，上式を変形して，電動機回転速度は$N=(1-s)N_s$で得られる。

問14 誘導電動機の始動で，Y（スター）結線とΔ（デルタ）結線ではどちらの始動電流が少ないか。

答 Y結線ではΔ結線に比べ相電圧が$1/\sqrt{3}$（＝0.58）になるので，始動電流が少なくなる。始動電流は全負荷電流の5倍以上が流れ，電動機の焼損の恐れがあるので，かご形電動機では始動時にY結線が採用され，定格速度に近づくとΔ結線に切り替える。

問15 誘導電動機の始動方法について説明せよ。

答 誘導電動機はかご形電動機と巻線形電動機に構造面から分類できる。
(1) かご形電動機の始動法
　① 全電圧始動方式（じか入れ始動方式）：1次巻線に直接3相の全電圧をかけて始動する。4kW程度の小容量に用いられる。
　② スターデルタ方式：始動のときは1次巻線をY接続とし，定格速度に近づくとΔ接続に切り換えて運転する。4〜11kWの容量のものに使用。
　③ 始動補償方式：始動補償器と呼ばれる3相単巻変圧器が使用され，供給電圧を定格電圧の40〜85％程度に下げて起動する。11kW以上に用いられる。
(2) 巻線形電動機の始動法
　2次抵抗始動方式：2次回路にスリップリングを経て接続される加減抵抗器を用いて始動電流を制限する。

問16 直入れ始動（全電圧始動）法の誘導電動機のシーケンス図を見て正転，逆転，停止を説明せよ。

答 ＜正転＞
① MCCB（配線用遮断器）を投入する。
② PBS 正入（正転用押しボタンスイッチ）を押す。
③ F-MC（正転用電磁接触器の電磁コイル）が励磁される。
④ F-MC-a（正転用 a 接点）が閉じる（自己保持回路の形成）。
⑤ F-MC-b（正転用 b 接点）が開く（インタロック回路の形成）。
⑥ 主回路の F-MC（正転用主接点）が閉じる。
⑦ 誘導電動機が正転する。

＜逆転＞
① MCCB（配線用遮断器）を投入する。
② PBS 逆入（逆転用押しボタンスイッチ）を押す。
③ R-MC（逆転用電磁接触器の電磁コイル）が励磁される。
④ R-MC-a（逆転用 a 接点）が閉じる（自己保持回路の形成）。
⑤ R-MC-b（逆転用 b 接点）が開く（インタロック回路の形成）。

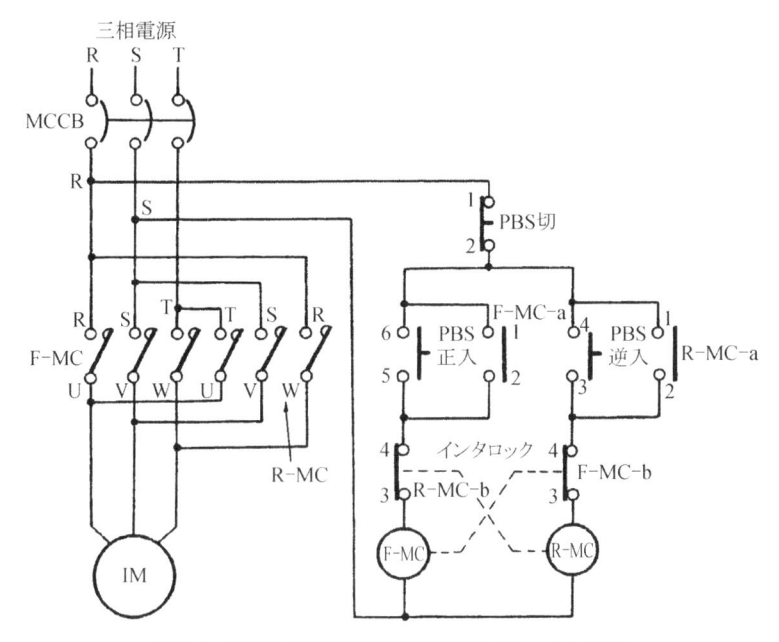

直入れ（全電圧）始動法の誘導電動機のシーケンス図

⑥ 主回路のR-MC（逆転用主接点）が閉じる。
⑦ 誘導電動機が逆転する。

＜停止（正転時から）＞
① PBS切（停止用押しボタンスイッチ）を押す。
② F-MC（正転用電磁接触器の電磁コイル）が無励磁になる。
③ F-MC-a（正転用a接点）が開く。
④ F-MC-b（正転用b接点）が閉じる。
⑤ 主回路のF-MC（正転用主接点）が開く。
⑥ 誘導電動機が停止する。

問17 誘導電動機の速度制御法にはどのようなものがあるか。

答 ① 2次抵抗による速度制御法：2次抵抗による比例推移を利用して，すべりSを変化させる速度制御法である。巻線形誘導電動機だけに適用できる。
② 極数変換による速度制御法：固定子巻線の接続を切りかえて，必要な極数が得られれば固定子の極数を変えることができる。かご形電動機に主として適用される。
③ 電源周波数変換による速度制御法：半導体電力変換装置（インバータ）により，電源周波数を変えて回転速度を制御する。電源周波数を変えるには専用の電源が必要なので，一般にはこの速度制御法は採用されないが，電気推進の船で採用されている。

問18 誘導電動機が始動不能または始動困難の場合，どのような原因が考えられるか。

答 ① 供給電圧の不足：規定電圧よりも低いときは規定電圧まで高める。
② 供給電圧の不平衡：トルクが減じるので始動が困難となる。
③ 巻線の断線
④ 始動装置の故障：スターデルタ始動器や始動補償器の接続の誤り，あ

るいは接触不良により，始動が困難となることがある。
⑤ 機械的拘束または過負荷：電動機を負荷から切り離し，手で回りにくいときは，分解調査する。

問19 電動機の絶縁抵抗はどのようにして計測を行うか。

答 配線の絶縁抵抗や電気機器の絶縁抵抗のように，1 MΩ（メグオーム）以上の高い抵抗を測定するには，メガが用いられる。

メガには直流 500 V の手回し発電機によって電源電圧を得る発電式のものと，電池により電源電圧を得る電池式がある。絶縁抵抗を測定するには，測定部へ測定する端子を接続した後，発電式の場合，発電機のハンドルを規定以上の回転数で回しながら指示目盛りを読む。電池式の場合は，電池の直流を交流に変換し，トランスで 500 V （または 1000 V）まで昇圧させているので，測定部へ端子を接続して指示を読めばよい。

問20 配電盤を構成する盤の名前を述べよ。

答
① 発電機盤
② 同期盤
③ 給電盤

問21 アースした箇所の調べ方について述べよ。

答
① 配電盤上にはアース（接地）の有無を検出する接地灯がある。もし接地していれば，接地している相のランプが消えるので，接地を発見できる。
② 一般には配電盤側より回路（ブレーカ）毎に順次調査する。接地している回路が判明すれば，その回路についての接続箱などの接続部を順次取り外してみて，各回路の末端に調査を進めていく。電源を切り，必要なら，テスタ，メガなどを使用する。

問22 スペースヒータの役目について述べよ。

答 発電機停止中, その発電機内部の湿気を防止するため, 発電機用気中遮断器と連動させ, 必要に応じてスペースヒータを作動させる。ヒータ容量は, 発電機が停止中, 吸湿しない温度まで高めるのに十分なものが必要である。発電機以外に, 配電盤, 舵取装置にもスペースヒータを設けることがある。

問23 優先遮断と選択遮断について説明せよ。

答 ＜優先遮断方式（非重要負荷優先遮断方式）＞
　　発電機の並列運転中, 何らかの原因によって1台の発電機の気中遮断器がトリップした場合に, 運転を続ける発電機の気中遮断器が過負荷によってトリップすることを防止するため, 非重要負荷の配線用遮断器をトリップさせ, 重要負荷への給電を確保すること。
＜選択遮断方式＞
　　ある給電回路に過電流（過負荷電流または短絡電流）が流れたとき, その回路に最も近い配線用遮断器がトリップし, 他の回路は給電を続けること。

問24 変圧器における巻数比（変圧比）を説明せよ。

答 変圧器の電源に接続される巻線を1次巻線, 負荷に接続される巻線を2次巻線といい, 変圧器の1次および2次巻線に誘起される起電力の比は, その巻数の比に等しいため, 次式で表される。

$$\frac{E_1（1次誘電起電力）}{E_2（2次誘電起電力）} = \frac{N_1（1次巻線の巻数）}{N_2（2次巻線の巻数）} = a$$

この a を一般に巻数比（変圧比, 電圧比）と呼んでいる。

問25 鉛蓄電池を充電する場合, どのような点に注意するか。

答 ① 充電中は水素ガスが発生するので，通風筒や換気装置の作動を確認し，付近で火気を使用しない。
② 結線に誤りがないかどうか確認する。
③ 急激な充電は避ける。
④ 電池の電圧や電解液に注意し，電解液の比重を調整するために，不純物のない硫酸と蒸留水を補給する。
⑤ 電解液の温度が高すぎないように注意する。
⑥ 各電池が等しく充電されているかどうか注意する。

9 制御・計測・船舶工学・その他

問1 自動制御系を構成する検出部・調節部・操作部は，それぞれどのような役目をしているか。

答 ① 検出部：制御量（流量や液位など）を検出し，基準入力（目標値）と比較できるようにする。
② 調節部：基準入力（設定値）と検出部出力との差（動作信号）によって操作部へ信号を送り出す。
③ 操作部：調節部からの信号を操作量に変え，制御対象に働きかける。

問2 自動制御におけるフィードバック制御を説明せよ。どこに使用されているか。

答 フィードバックとは，閉ループを形成して出力側の信号を入力側へ戻すことを意味する。したがって，フィードバック制御とは，フィードバックにより制御量（Process Value：PV）を目標値（Set Value：SV）と比較し，それらを一致させるように操作量を生成して訂正動作を行う制御である。舶用プラントの温度制御，圧力制御，流量制御などに用いられる。

問3 シーケンス制御を説明せよ。どこに使用されているか。

答 シーケンス制御とは，あらかじめ定められた順序または手続きに従って制御の段階を逐次進めていく制御である。各種ポンプの始動回路，ボイラの起動燃焼制御，蒸気タービンの暖機制御などに採用される。

問4 プロセス制御とはどのような制御か。

答 プロセス制御は，制御しないで放置すれば変化してしまう温度，圧力，流量，液面などを制御量として選び出し，目標値から変化しないように制御するものであり，目標値が固定されている場合が多い。

問5 プログラム制御とはどのような制御か。

答 プログラム制御は追従制御（時間とともに目標値が変化する制御）の一つの形であるが，目標値が予想できない追従制御と異なり，目標値があらかじめ定められた変化をする制御である。ディーゼル船の燃料油自動切換え装置やタービン船のオートスピニング装置などがある。

問6 自動制御の制御動作におけるオンオフ動作とはどのような動作か。

答 操作量が動作信号のある値を境として，2つの値に段階的に変化する動作であり，2位置動作ともいう。制御量が目標値より大きいか小さいかによって，その操作量を最大か最小にする制御動作である。つまり，偏差の正負によって，操作量をオンあるいはオフとする動作であって，制御動作中，最も簡単な動作である。バイメタルを用いたサーモスタットはオンオフ動作の一例である。

問7 自動制御の制御動作における比例・積分・微分の各動作について説明せよ。

答　① 比例動作：偏差に比例して操作部を動かす制御動作である。
　　② 積分動作：偏差の時間に関する積分に比例して操作部を動かす制御動作である。
　　③ 微分動作：偏差の微分値に比例して操作部を動かす制御動作である。偏差の起こり始めに大きな訂正動作を行う。
〔**参考**〕偏差＝制御量－目標値

9 制御・計測・船舶工学・その他

問8 比例帯を狭くすると，オフセットはどのように変化するか。

答 オフセットは定常偏差の一種で，過渡応答において十分時間が経過して制御偏差が一定値に落ちついたときの値である。比例帯を狭くすると比例ゲインが増すため，オフセットが小さくなり精度が増す。しかし，あまり比例帯を狭くしすぎると不安定になって，ハンチングを起こすようになる。

〔参考〕比例ゲイン(K) = 比例感度とも呼ばれ，$K = 100/\text{PB}$（比例帯）で表される。

問9 電気式調節器の特徴を述べよ。

答　① 遅れ時間がなく，検出信号に対して直ちに操作量を出すことができる。
② 長距離の伝送が可能である。
③ 複雑な処理ができる。
④ 計算機との接続が簡単に行える。
⑤ 構造が複雑で，信頼性は空気式に比べて劣る。
⑥ 周囲の温度の影響を受けやすく，振動に弱い。

問10 空気式調節器において，出力空気圧は一般にどのくらいか。

答　一般に，空気圧は20～100 kPaで出力され，ダイヤフラム弁などの操作部に送られる。

問11 空気式操作部であるダイヤフラム式制御弁の特徴は何か。

答　① 構造が簡単で安価である。
② 作動部の摩擦が小さいため，操作力も小さくてよい。
③ ダイヤフラムの破損以外には空気が漏れる心配がない。
④ 操作行程が短い。

問12 自動制御弁の正作動と逆作動について説明せよ。

答 弁作動は駆動源故障時のプラントの安全性から次のように決定される。
- 駆動源故障時に開く弁を正作動という（操作信号が加わると閉じる）。
- 駆動源故障時に閉じる弁を逆作動という（操作信号が加わると開く）。

たとえば，ボイラの給水制御系では正作動にする方がより安全であり，噴燃装置では逆作動の方が安全である。
（注）駆動源：電気，空気，油圧

問13 制御系におけるハンチングとはどのような現象か。

答 制御系において何らかの原因で偏差が現れたとき，なるべく早くこの偏差をなくすために大きな操作量を与えた場合，むだ時間があると目標値を過ぎてしまい逆の偏差を生じる。そのため，目標値に追従するため逆の操作量を与えることになるが，再び目標値を行き過ぎてしまう。ハンチングとは，制御系が安定せずに目標値を上下する不安定な振動状態になる現象。

問14 空気式制御装置の調節部に使用されるノズルフラッパの役目について説明せよ。

答 供給空気（140 kPa）は絞りを通過してノズルから吹き出されるが，入力信号（4～20 mA）の変化によりフラッパがノズルに近づくとノズルから空気を吹き出すのに抵抗となり背圧が上がる。つまり，ノズルとフラッパのすき間によりノズル背圧が変化し，そのノズル背圧がパイロット弁で増幅され，ダイヤフラム弁を駆動する空気圧信号（20～100 kPa）となる。

9　制御・計測・船舶工学・その他

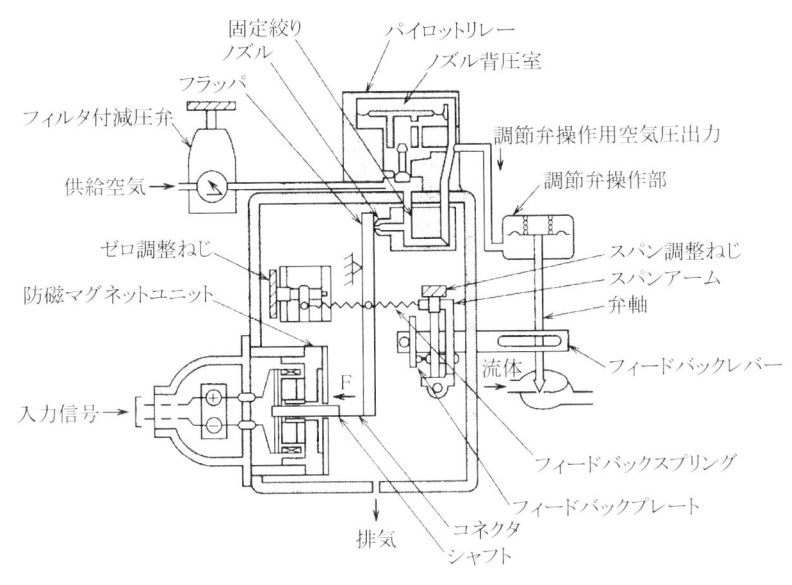

給水制御弁用電空変換器

問15 PLC（プログラマブルロジックコントローラ）とは何か。どこに使用されているか。

答　シーケンス制御専用のマイクロコンピュータを利用した制御装置を「プログラマブルロジックコントローラ（Programmable Logic Controller，略称 PLC）」という。これはパソコンや専用の入力装置を利用して，制御内容をあらかじめプログラムによって表現し，これを逐次実行することによりシーケンス制御を行う装置である。最近の補助ボイラの制御（調節器）として，またエレベータや清浄機の制御に採用される。制御動作は ON/OFF 動作から PID 動作まで対処できる。

問16 自動制御を行うための温度計にはどのようなものがあるか。

答　① 熱電温度計：熱起電力を利用する。

②　白金抵抗温度計：抵抗変化を利用する。
③　サーミスタ温度計：半導体を用いており，応答が速い。
④　光高温計：熱放射を利用する。
⑤　放射温度計：熱放射を利用する。
⑥　バイメタル式温度計：膨張を利用する。

問17　空気槽から出た圧縮空気は減圧された後，どのような装置を経て計装用空気となるか。

答　計装用空気は油や粉塵などが混じっておらず，湿気も十分に少なく，計器に悪影響を及ぼさないものでなければならない。普通，次のような装置が設けられる。
①　油除去器（オイルセパレータ）
②　乾燥機（吸着式または冷凍式）
③　集塵器（フィルタ）
④　ドレントラップ

問18　ブルドン管圧力計の指示が出ないのはどのような場合か。

答　①　ブルドン管が破裂した。
②　計器への導圧管のコックを閉めているか，導圧管の閉塞。
③　指示機構の歯車のかみ合わせが不良。

問19　流量計にはどのような種類のものがあるか。

答　①　差圧式流量計：流量を測定する管路に，オリフィス・ノズル・ベンチュリ管などの絞り機構を入れて流れの面積を変え，その前後に生じる圧力差から流量を求める。
②　面積式流量計：流路にテーパ管とフロートを設け，フロートの位置によって流体の通過面積が変化することより流量を求める。

③ 電磁流量計：ファラデーの電磁誘導の法則を応用したもので，流れに直角に磁界を加えると流体は磁束を切って平均流速に比例して起電力を発生し，この起電力を測定して流量を求める（絶縁性の流体には使用できない）。
④ その他：超音波流量計，渦流量計，せき式流量計。

問20 タンクなどの液面のレベルを検出する場合，どのような方式があるか。

答 (1) 液面を利用して検出する方法
　① フロート式
　② 超音波式
(2) 液の水頭圧を検出して液面までの高さを推定する方法
　① 水頭圧式

問21 積算流量計に使用するのは，面積式，容積式，差圧式のどれが適するか。

答 容積式

問22 オーバル歯車流量計の概要を説明せよ。

答 二つのオーバル歯車は，流れ込む流体の圧力により相互にかみ合いながら回転し，歯車とケース間にできる月形状の空間に充満された流体を送り出す。回転子軸の回転を指示機構に伝えて流量を知ることができる。

問23 船体が航走するとき，どのような抵抗を受けるか。

答 船が航走するとき，水と空気の抵抗を受ける。それらは次のように分類さ

れる。
① 摩擦抵抗：船体表面との摩擦力による抵抗で，低速船で大。
② 造波抵抗：波の発生による抵抗で，高速船で大。
③ 渦（うず）抵抗：船尾の渦発生による抵抗で，形状抵抗ともいう。
④ 空気抵抗：船体の水面上の構造物が受ける抵抗。

問24　船舶のトリムおよび復原力について説明せよ。

答　① トリム：船の縦方向の傾斜をいい，船尾喫水と船首喫水の差で表される。したがって，トリムは貨物などの積付けの前後の配分によって変化し，船の耐航性，舵効き，プロペラ効率などに影響を与える。
② 復原力：船の復原力とは，重力と浮力の作用で，ある位置より傾けようとするときの抵抗，または傾けた位置においてその原因を取り除いたときに自ら元に戻ろうとする能力のことである。
　　復原力は次式によって求められ，荷役，バラストなどによる重心位置の変化や船体の横揺れ（ローリング）により影響される。
　　　　復原力 = $W \times GZ$
　　　　　W：船の重量
　　　　　GZ：船の重心から浮力の作用線までの距離

問25　プロペラ翼面に発生するキャビテーションについて述べよ。

答　プロペラ翼面を流れる水の流速が速い後進面では圧力が低くなり負圧を生じ，プロペラ翼面の負圧が大きくなってその水温における蒸発圧より翼面の圧力が低下すると水蒸気を発生し，表面が気泡で覆われたような状態になる現象のことである。
　　キャビテーションが発生すると，翼面の侵食，振動や騒音の発生，プロペラ効率の低下などの悪影響を与える。
〔参考〕プロペラに発生する脱亜鉛現象：プロペラ翼面に発生する電気化学的な腐食（ガルバニック・アクション）のことであり，銅と亜鉛を主成

分としている高力黄銅のプロペラで発生する。高力黄銅の主成分である銅と亜鉛の間の局部的な電池作用により電位差を生じ，イオン化傾向の下位の金属である亜鉛が溶けだして銅のみが残り，プロペラ表面が赤みをおびてざらざらした状態になる現象を脱亜鉛と呼んでいる。

10 執務一般

問1 冷媒による凍傷に対する応急処置法について説明せよ。

答 冷媒液が皮膚に付着すると，その部分から蒸発熱を吸収して気化するので凍傷を起こす。
① 素早く凍傷部分を多量の水で洗う。
② 傷害部を布で拭い，弱い酸化還元液で絶えず湿布する。少なくとも一昼夜は軟膏などを塗らない方がよい。
③ 患者は安静に温めてやり，傷がひどい場合は医師の診察を受ける。

問2 電撃症に対する応急処置法について説明せよ。

答 直ちに電流を断つと同時に，傷者を電線などから引き離す。この場合，救助者は良導体と絶縁し，木材やロープなどで引き離すようにし，感電しないように注意する必要がある。仮死状態にあるものは人工呼吸を行い，強心剤を注射する。また火傷部には，火傷に対する処置を行う。

問3 高所作業をする場合，どのような点に注意すべきか説明せよ。

答 ① 作業に従事する者は保護帽および命綱または安全ベルトを使用する。
② ボースンチェアを使用するときは，機械の動力に頼らない。
③ 作業場所の下方における通行を制限する。
④ 作業に従事する者と連絡をとるための看視員を配置する。
⑤ 煙突，気笛，レーダ，無線通信アンテナその他の設備の付近で作業を行う場合，これらの設備の作動により作業者に危害を及ぼすおそれのあるときは，これらの設備の関係者に作業時間，内容などをあらかじめ通

報しておく。

問4 指に外傷を受けたときの応急処置方法を説明せよ。

答 傷面が清潔であれば，傷面の周囲に創傷消毒剤を塗り，傷面には殺菌消毒薬を当てて包帯する。傷面が汚れている場合，消毒液に浸した綿で，傷面をこすらないように汚れをとり，前記の処置をする。傷が化膿し始めたら合成ペニシリン製剤やテトラサイクリン系製剤を飲ませるとよい。傷口からの出血が湧き出るようであれば消毒ガーゼを厚く重ね，その上に脱脂綿を2～3センチ置いて，包帯をきつく巻き，出血する部分を心臓より高く上げるようにする。

問5 熱中症に対する応急処置を説明せよ。

答 熱中症が起こったら涼しいところに寝かせて体を冷やす。冷たい生理食塩水を皮下注射するか，静脈注射して，食塩の補給をする。
　心臓が弱っているときは強心剤，呼吸停止が起きた場合には冷水摩擦と人工呼吸を併用する。

問6 酸素欠乏症に対する応急処置を説明せよ。

答 酸素欠乏症は瞬時にかかり，その症状と場所の特質から見て自力で脱出することは困難であるため，その場で人工蘇生器あるいは人工呼吸および心臓マッサージなどにより救急蘇生を行う。できれば救急蘇生を行いながらロープ付き安全帯を使用して救出する。

問7 一酸化炭素ガス中毒症に対する応急処置法を説明せよ。

答 被災者を空気のきれいな場所に運び出し，全身マッサージをし，アンモニ

アあるいは酢酸をかがせ，こよりなどで鼻孔をくすぐり呼吸を刺激する。また，人工呼吸を行い，強心剤を注射する。必要な場合は，酸素吸入，輸血，胸部冷湿布を行うとよい。

問8 火傷の応急処置について説明せよ。

答 ① 受傷部の衣服などをはさみで切り取り，受傷部を流水で十分に冷やす。
② 受傷部を創傷消毒剤で消毒する。
③ ほう酸軟膏またはチンク油を塗ったガーゼで覆う。
④ 第二度以上の火傷では，とくに化膿しないように合成ペニシリン製剤，テトラサイクリン系製剤を内服する。

問9 腕を骨折した場合の応急処置方法について説明せよ。

答 骨折により転位変形が高度な場合は，骨折部より末梢部を軽く指先方向に引っ張り，変形を除去する。
＜固定操作＞
① 副木をする。
② 骨折部を冷湿布する。
また，患者を全身的に温かくする。

問10 荒天や船体の損傷などで多量に海水が浸入し，通常使用するビルジポンプで排出しきれない場合，どのようなポンプを用いて対処するか説明せよ。

答 船内の各区画にたまったビルジは通常，ビルジポンプを使い油水分離器に通して船外へ排出するが，非常時の場合に対処するため，機関室内にある容量の大きい海水ポンプ，たとえば主機の冷却海水ポンプ，雑用水ポンプなどの吸込み側に機関室ビルジの吸入管を取り付け，多量に浸入した海水を排出する。

問 11　操練にはどのようなものがあるか。

答　① 防火操練
　　② 防水操練
　　③ 救命艇操練

問 12　荒天準備作業としてどのようなことをするのか。

答　① 移動しやすい物は取り片付けてラッシングする。
　　② 壁の取付け物や格納されている物の取付け状況を確認する。
　　③ 各区画や各コファダムなどのビルジを完全に排出しておく。
　　④ 機関室内の主要箇所，床板のすべり止め（マットやキャンバス使用）。
　　⑤ 船体のトリムを考慮し，タンクの水，油などをシフトする。
　　⑥ 舵取装置の正常運転を確認する。
　　⑦ 停泊中であれば，いつでも避泊シフトできるようにしておく。

問 13　航行する船舶より人が海中に転落したとき，どのような処置をするか。

答　① 船から人が落ちたと気付いた者は直ちに救命浮環を投入する。
　　② 船橋当直者に報告する。
　　③ 救命艇部署につく。
　　④ 救命艇作業（救命艇の降下，救助作業，救命艇引揚げ）を行う。

問 14　溶接作業時の保護具にはどのようなものがあるか。

答　① 保護面（マスク）
　　② 遮光眼鏡（保護眼鏡）
　　③ 保護手袋

④　前掛
⑤　足カバー

問15　配電盤の消火にはどのような消火器を使用するか。

答　炭酸ガス消火器，粉末消火器（炭酸水素ナトリウムまたは炭酸水素カリウムを主剤としたもの）を使用。

問16　電気溶接およびガス溶接作業を行う場合の注意事項を述べよ。

答　① 作業を開始する前に，溶接装置の各部を点検すると共に，作業場所および隣接する区画には可燃性または爆発性の気体がないことを確認する。
② 作業場所および隣接する区画には，燃えやすい物を置かないこと。
③ アセチレンボンベの付近において，火気の使用および喫煙を禁止すること。
④ アセチレンボンベの付近においては，火花を発し，または高温となって，点火源となるおそれのある器具を使用しないこと。
⑤ 電気溶接作業は体が濡れた状態で作業しないこと。
⑥ 保護眼鏡および保護手袋を使用すること。
⑦ 作業場所の付近に適当な消火器具を用意すること。

問17　浸水に対する応急処置方法を説明せよ。

答　① 浸水部を確認し，的確なビルジ排出作業を実施する。
② 浸水事故について上司へ報告する。
③ 浸水部が大破口により沈没事態が予想される場合は，船内に緊急通報し，退船する場合の準備をする。
④ 浸水部が小破口の場合は，木栓またはくさびを打ち込み，さらに布などにより防水作業を実施する。
⑤ 破口が大きい場合は，船外から破口部に防水マットあるいは重ね合わ

10　執務一般

せたキャンバスなどを当て，水の浸入を防ぐ。

問18　油水分離装置について説明せよ。

答　油水分離装置は，油水分離器，ビルジを油水分離器に送り込むポンプ，こし器，油水分離器からの排水を採取できる装置および再循環装置から構成され，ビルジを油分と水とに分離する装置である。

問19　総トン数1万トン以上の船舶におけるビルジ排出基準について説明せよ。

答　次の①から④の条件に従って排出すること。
① 希釈しない場合の油分濃度が15ppm以下であること
② 航行中であること
③ 油水分離装置およびビルジ用濃度監視装置を作動させていること
④ 南極海域以外の海域であること

問20　機関室の火災発生後の処置方法について述べよ。

答　① 火災が発生したら，大声，警鐘などで近くの人に知らせ，直ちに手動で警報装置を作動させ，全船に知らせ，消火態勢をとらせる。
② 出火場所や状況を確認して，初期消火に適切な処置をとる。持運び式消火器や毛布，砂などを状況にあわせて使用する。
③ 船橋に火災の状況，とった措置，これからとろうとする措置を一刻も早く知らせ，火災のために起こりうる二次災害（衝突，座礁など）の防止のための措置をとる時間を与える。
④ 状況に応じて，可燃物の移動，開口部・ダクトの閉鎖，通風機の停止など，火災延焼防止のための措置をとる。

問21 機関士が航海当直を交代する場合，確認しなければならない事項を述べよ。

答 当直交代の15分から30分前に機関室に入り，各部点検の上，下記の事項について引継ぎを受け，またそれらを確認しなければならない。
① 主機および主要補機類の運転状態，主機の毎分回転数，ボイラの使用蒸気圧力などの運転諸元
② ビルジ，使用油タンク，その他のタンクの現状
③ 機関およびその他の諸装置の異常または要注意箇所，実施作業など
④ 機関部作業の現状，機関部員の動静
⑤ 機関長および一等機関士よりの指示事項，船橋からの連絡事項
⑥ 機関日誌について
⑦ その他，前直機関士からの申継ぎ事項

問22 航海中に当直機関士が当直航海士に報告しなければならないのはどのような事項か。

答
① 4時間の主機毎分平均回転数
② 主機の回転数を変更するとき
③ 操舵機に異常を認めたとき
④ 発電機または電路などの故障により送電に影響のあるときの事情
⑤ 甲板部より要求される送水・送気，移水，ビルジ排除などに支障があるとき
⑥ 通風・冷房装置に支障があるとき
⑦ ビルジ排出の時期またはその問合わせ
⑧ ボイラのスートブローを実施するとき
⑨ その他，了解を得なければならないと思われる事項

問23 補償工事とは何か。

答 引渡しを受けた後，普通1年の間に，次の理由で事故・損傷が発生したときは，造船所またはメーカーの責任で修理する。この修理を補償工事という。
① 設計不良
② 工作不良
③ 材料欠陥
④ 乗組員の取扱いに非がないとき

問24 Mゼロ船において当番とは何か，またどのようなことをするのか説明せよ。

答 Mゼロ船を円滑に運航するために機関部に当番制度を設け，Mゼロ運転中に機関士1名を当番としてあらかじめ定めておく。ただし停泊中は機関部員1名が付加される。この当番は機関士の24時間の輪番制となっている。当番は所定の作業時間内にMゼロ運転に必要な点検，巡視および通常の整備作業に従事すると共に，警報発生時に必要な処置をとる。
　また，Mゼロチェックリストに基づく機関各部の点検を1日1回行う。

問25 省エネルギのため船内で実行していることを説明せよ。

答
① 主機，補機およびその他の機器が最大効率で運転できるように，つねに調整および掃除などをする。
② 燃料油および潤滑油について適正粘度を保つ。
③ 主機,補機およびその他の機器が重大事故を起こさないように監視する。
④ 余剰蒸気がある場合は二重底燃料タンク加熱用に使用する。
⑤ 蒸気，圧縮空気，海水，清水，燃料油，潤滑油など漏洩する流体は極力漏洩防止に努める。
⑥ 不必要な電灯はつねに消灯する。また漏電防止に努める。
⑦ 船内で省エネルギの意識を高めるための教育をする。

11 法規

問1 3級海技士に関係する法規にはどのようなものがあるか。

答
① 船員法および同施行規則
② 船員労働安全衛生規則
③ 船舶職員及び小型船舶操縦者法および同施行規則
④ 海難審判法および同施行規則
⑤ 船舶安全法およびこれに基づく省令（船舶安全法および同施行規則，船舶設備規程，船舶消防設備規則，船舶機関規則など）
⑥ 国際条約
⑦ 海洋汚染等及び海上災害の防止に関する法律および同施行規則
など

問2 非常配置表，操練について説明せよ。

答 ［記載法令］　船員法
・第14条の3（非常配置表及び操練）
［記載法令］　船員法施行規則
・第3条の3（非常配置表）
・第3条の4（操練）

問3 船員の労働時間の原則を説明せよ。

11　法規

答　[記載法令]　船員法
- 第4条（給料及び労働時間）
- 第60条（労働時間）
- 第65条の2（労働時間の限度）

問4　管系統の表示，安全標識について説明せよ。また，安全管理に関する改善意見は誰がどこに提出するか。

答　[記載法令]　船員労働安全衛生規則
- 第23条（管系統の表示）
- 第24条（安全標識等）
- 第6条（改善意見の申出等）

問5　高所作業について説明せよ。また，機械の注油を行うのに必要な資格について述べよ。

答　[記載法令]　船員労働安全衛生規則
- 第51条（高所作業）
- 第28条（経験または技能を要する危険作業）

問6　溶接・溶断・加熱作業をする場合の注意事項について述べよ。

答　[記載法令]　船員労働安全衛生規則
- 第48条（溶接・溶断・加熱作業）

問7　機関士における履歴限定について説明せよ。

答 ［記載法令］　船舶職員及び小型船舶操縦者法
- 第4条（海技士の免許）
- 第5条（海技士の資格）

　　［記載法令］　船舶職員及び小型船舶操縦者法施行規則
- 第4条（免許についての限定）
- 第4条の2（履歴限定等の解除）

問8　海技免状の有効期限と満了の際の手続きについて説明せよ。

答 ［記載法令］　船舶職員及び小型船舶操縦者法
- 第7条の2（海技免状の有効期限）

　　［記載法令］　船舶職員及び小型船舶操縦者法施行規則
- 第9条の5（海技免状の有効期限の更新）
- 第9条の5の2（海技免状等の有効期間の起算日の変更）

問9　海難審判法の目的について述べよ。

答 ［記載法令］　海難審判法
- 第1条（目的）

問10　海難の定義について説明せよ。

答 ［記載法令］　海難審判法
- 第2条（定義）

問11　定期検査の周期，準備事項について述べよ。

11　法規

答　［記載法令］　船舶安全法
　　　　　　　　　● 第10条（船舶検査書の有効期限）
　　　［記載法令］　船舶安全法施行規則
　　　　　　　　　● 第23条（検査の準備）
　　　　　　　　　● 第24条（定期検査）

問12　定期検査において発電機は何を検査されるか説明せよ。

答　［記載法令］　船舶安全法施行規則に規定する定期検査等の準備を定める告示
　　　　　　　　　● 第2条（機関の検査の準備）第2項

問13　電気設備の定期検査の準備について説明せよ。

答　［記載法令］　船舶安全法施行規則
　　　　　　　　　● 第24条（定期検査）第9号

問14　中間検査の種類と時期について説明せよ。

答　［記載法令］　船舶安全法施行規則
　　　　　　　　　● 第18条（中間検査）

問15　発電機のシャフト修理時の受検の根拠となる法規は何か。

答　［記載法令］　船舶安全法施行規則
　　　　　　　　　● 第19条（臨時検査）

問16　予備検査によって施行される検査項目を述べよ。

答 ［記載法令］　船舶安全法施行規則
- 第 29 条（予備検査）
- 第 30 条（特殊な設備又は構造に係る準備等）

問 17　製造検査について説明せよ。

答 ［記載法令］　船舶安全法
- 第 6 条（製造検査等）
- 第 2 条（船舶の所要施設）：製造検査の必要な施設（船体，機関，排水設備）が規定されている条項
- 第 3 条（満載吃水線の標示）：製造検査の必要な標示が規定されている条項

［記載法令］　船舶安全法施行規則
- 第 28 条（製造検査）：条項の内容は検査の準備

問 18　電気設備を定めている法規名は何か。

答　船舶設備規程の第 6 編電気設備に定められる。
（電気設備の受検準備：船舶安全法施行規則第 24 条）

問 19　発電機の原動機に求められるガバナの規定および発電機の回転軸の強度の規定はどこに記されるか。

答 ［記載法令］　船舶設備規程
- 第 185 条・第 186 条（原動機）
- 第 187 条（回転軸）

問 20　直接ビルジ・危急用ビルジポンプおよび吸引管についてどのように規定されるか。

答 ［記載法令］　船舶機関規則
- 第78条（ビルジポンプ）
- 第80条（機関室のビルジ吸引管）

問21　船内の絶縁抵抗について説明せよ。

答 ［記載法令］　船舶設備規程
- 定義：第171条（定義）
- 発電機：第194条（絶縁抵抗）
- 配電盤：第224条（絶縁抵抗）
- 電熱設備：第292条（絶縁抵抗）

問22　STCW条約の目的を述べよ。

答　締約政府が設定した船員の訓練及び資格証明並びに当直に関する国際基準により，船舶に乗り組む船員が，海上における人命及び財産の安全並びに海洋環境の保護の見地から，任務を遂行するのに必要な能力を備えることを確保することを目的としている。

問23　SOLAS条約の目的を述べよ。

答　締約政府の条約締結により，画一的な原則及び規則が設定され，海上における人命の安全が増進されることを目的としている。

問24　油記録簿を備えなければならないのはどのような船か。また，記載すべき事項は何か。

答 ［記載法令］　海洋汚染等及び海上災害の防止に関する法律
- 第8条（油記録簿）　　・第9条（適用除外）

[記載法令] 海洋汚染等及び海上災害の防止に関する法律施行規則
- 第 11 条の 3 （油記録簿）

> **問** 25　油水分離装置についてどのように規定されているか。また瞬間排出率とは何か。

答　[記載法令]　海洋汚染防止設備等，海洋汚染防止緊急措置手引書等，大気汚染防止検査対象設備及び揮発性物質放出防止措置手引書に関する技術上の基準等に関する省令
- 第 5 条（油水分離装置）

[記載法令]　海洋汚染等及び海上災害の防止に関する法律
- 第 4 条（船舶からの油の排出の禁止）第 3 項

工学単位とSI単位の関係

	従来の工学単位	工学単位に乗ずる係数	SI 単位
質量	kg	1	kg
密度	kg/m^3	1	kg/m^3
力	kgf	9.80665	N
	dyn（ダイン）	10^{-5}	N
圧力	kgf/cm^2	9.80665×10^4	Pa
	kgf/m^2	9.80665	Pa
	mmHg	1.33322×10^2	Pa
	mmH_2O	9.80665	Pa
	mH_2O	9.80665×10^3	Pa
	at（工学気圧）	9.80665×10^4	Pa
	atm（標準気圧）	1.01325×10^5	Pa
	bar（バール）	10^5	Pa
比重量	kgf/m^3	9.80665	N/m^3
仕事, エネルギ	kgf·m	9.80665	J
熱量	cal	4.1868	J
	kcal	4186.8	J
仕事率, 動力	PS	735.5	W
	kgf·m/s	9.80665	W
	kcal/h	1.163	W
粘度	$kgf·s/m^2$	9.80665	Pa·s
	P（ポアズ）	10^{-1}	Pa·s
	cP（センチポアズ）	10^{-3}	Pa·s
動粘度	St（ストークス）	10^{-4}	m^2/s
	cSt（センチストークス）	10^{-6}	m^2/s
熱伝導率	kcal/(m·h·℃)	1.163	W/m·K
	$kcal/(m^2·h·℃)$	1.163	$W/(m^2·K)$
比熱	kcal/(kg·℃)	4.1868×10^3	J/(kg·K)
	kgf·m/(kg·℃)	9.80665	J/(kg·K)

ISBN978-4-303-44251-4

海技士3E口述対策問題集

2012年8月20日　初版発行　　　　　　　　　　　　　　Ⓒ 2012
2025年4月15日　3版発行

編　者　三級機関 口述試験研究会　　　　　　　　　　検印省略
発行者　岡田雄希
発行所　海文堂出版株式会社

　　　　　　　本　社　東京都文京区水道2-5-4（〒112-0005）
　　　　　　　　　　　電話 03(3815)3291(代)　FAX 03(3815)3953
　　　　　　　　　　　https://www.kaibundo.jp/
　　　　　　　支　社　神戸市中央区元町通3-5-10（〒650-0022）
日本書籍出版協会会員・工学書協会会員・自然科学書協会会員

PRINTED IN JAPAN　　　　　印刷　東光整版印刷／製本　ブロケード

JCOPY ＜出版者著作権管理機構 委託出版物＞
本書の無断複製は著作権法上での例外を除き禁じられています。複製される場合は，そのつど事前に，出版者著作権管理機構（電話 03-5244-5088，FAX 03-5244-5089，e-mail:info@jcopy.or.jp）の許諾を得てください。